Arduino Mega2560
应用技能实训

肖明耀　夏　清　郭惠婷　高文娟　编著

U0246674

中国电力出版社

CHINA ELECTRIC POWER PRESS

内 容 提 要

Arduino 是全球最流行的开源硬件和软件开发平台集合体，Arduino 易于学习和上手，其简单的开发方式使得创客开发者集中关注创意与实现，开发者可以借助 Arduino 快速完成自己的项目。Arduino Mega2560 具有 54 个输入输出端口、8 个中断、4 路串口通信接口，16 路模拟输入端、256KB 存储空间，适应 3D 打印等更复杂控制，应用更加广泛。

本书遵循"以能力培养为核心，以技能训练为主线，以理论知识为支撑"的编写思想，采用基于工作过程的任务驱动教学模式，以 Arduino Mega2560 的 30 个任务实训课题为载体，使读者掌握 Arduino Mega2560 的工作原理，学会 Arduino Mega2560 程序设计和编程工具及其操作方法，从而提高 Arduino Mega2560 应用技能。

本书由浅入深、通俗易懂、注重应用，便于创客学习和进行技能训练，可作为大中专院校机电类专业学生的理论学习与实训教材，也可作为技能培训教材，还可供相关工程技术人员参考。

图书在版编目（CIP）数据

Arduino Mega2560 应用技能实训/肖明耀等编著. —北京：中国电力出版社，2018.5
（创客训练营）
ISBN 978 - 7 - 5198 - 1811 - 1

Ⅰ. ①A…　Ⅱ. ①肖…　Ⅲ. ①单片微型计算机–程序设计　Ⅳ. ①TP368.1

中国版本图书馆 CIP 数据核字（2018）第 043009 号

出版发行：中国电力出版社
地　　址：北京市东城区北京站西街 19 号（邮政编码 100005）
网　　址：http：//www.cepp.sgcc.com.cn
责任编辑：杨扬（y-y@sgcc.com.cn）
责任校对：王小鹏
装帧设计：王英磊　左　铭
责任印制：杨晓东

印　　刷：三河市百盛印装有限公司
版　　次：2018 年 5 月第一版
印　　次：2018 年 5 月北京第一次印刷
开　　本：787 毫米×1092 毫米　16 开本
印　　张：15.75
字　　数：410 千字
印　　数：0000—2000 册
定　　价：49.00 元

前　言

　　"创客训练营"丛书是为了支持大众创业、万众创新，为创客实现创新提供技术支持的应用技能训练丛书，本书是"创客训练营"丛书之一。

　　Arduino 是全球最流行的开源硬件和软件开发平台集合体，Arduino 的简单开发方式使得创客开发者集中关注创意与实现，Arduino 学习便捷，容易上手，开发者可以借助 Arduino 快速完成自己的项目。Arduino Mega2560 具有 54 个输入输出端口、8 个中断、4 路串口通信接口，16 路模拟输入端、256KB 存储空间，适应 3D 打印等更复杂控制，应用更加广泛。

　　本书遵循"以能力培养为核心，以技能训练为主线，以理论知识为支撑"的编写思想，采用基于工作过程的任务驱动教学模式，以 Arduino Mega2560 的 30 个任务实训课题为载体，使读者掌握 Arduino Mega2560 的工作原理，学会 Arduino Mega2560 程序设计和编程工具及其操作方法，提高 Arduino Mega2560 应用技能。

　　全书分为认识 Arduino Mega2560，学用 C 语言编程、Arduino Mega2560 输入/输出控制、中断定时控制、串行通信、模拟量控制、I/O 口的高级应用、应用类库、Arduino 存储控制、红外遥控、应用 LCD 显示、综合应用等 14 个项目，每个项目设有一个或多个训练任务，通过任务驱动技能训练，使读者快速掌握 Arduino Mega2560 的基础知识，掌握程序设计方法与技巧。每个项目后面设有习题，用于技能提高训练，全面提高读者 Arduino Mega2560 的综合应用能力。

　　本书由肖明耀、夏清、郭惠婷编著。

　　由于编写时间仓促，加上作者水平有限，书中难免存在错误和不妥之处，恳请广大读者批评指正。

编　者

目　录

任务 1　认识 Arduino Mega2560

💡 基础知识

一、Arduino 的硬件

1. Arduino

Arduino 是全球最流行的开源硬件和软件开发平台集合体，Arduino 的简单开发方式使得创客开发者集中关注创意与实现，Arduino 学习便捷，容易上手，开发者可以借助 Arduino 快速完成自己的项目。

2. Arduino 硬件

（1）Arduino Uno 开发板（见图 1-1）。Arduino Uno 开发板以 ATmega328 MCU 控制器为基础，具备 14 路数字输入/输出引脚（其中 6 路可用于 PWM 输出）、6 路模拟输入、1 个 16MHz 晶体振荡、1 个 USB 接口、1 个电源插座、1 个 ICSP 接头和一个复位按钮。

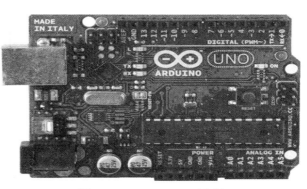

图 1-1　Arduino Uno 开发板

基本性能：

1）Digital I/O 数字输入/输出端，0~13。

2）Analog I/O 模拟输入/输出端，0~5。

3）支持 USB 接口协议及供电（不需外接电源）。

4）支持 ISP 下载功能。

5）支持单片机 TX/RX 端子。

6）支持 AREF 端子。

7）支持 6 组 PWM 端子（Pin11，Pin10，Pin9，Pin6，Pin5，Pin3）。

8）输入电压：接上 USB 时无须外部供电或外部 5~9V DC 输入。

9）输出电压：5V DC 输出、3.3V DC 输出。

Arduino Uno 是目前最广泛使用的 Arduino 控制器，具有 Arduino 的所有功能，是初学者的最佳选择，读者在掌握 Arduino Uno 开发技术技巧后，就可以将自己的代码移植到其他型号的控制器上，完成新项目的开发。

（2）Arduino Leonardo（见图 1-2）。Arduino Leonardo 以功能强大的 ATMega32U4 为基础。

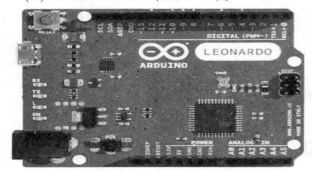

图 1-2　Arduino Leonardo

它使用集成 USB 功能的 AVR 单片机作主控芯片，提供 20 路数字输入/输出引脚（其中 7 路可用作 PWM 输出，12 路用作模拟输入），1 个 16MHz 晶体振荡器、微型 USB 接口、1 个电源插座、1 个 ICSP 接头和一个复位按钮。

Leonardo 不仅具备其他 Arduino 控制器的所有功能，而且可以轻松模拟鼠标、键盘等 USB 设备。

基本性能：

1）微控制器：ATmega32u4。

2）工作电压：5V。

3）推荐输入电压：7~12V。

4）限制输入电压：6~20V。

5）数字 I/O 引脚：20 条。

6）PWM 通道：7 条。

7）模拟输入通道：12 条。

8）每个 I/O 直流输出能力：40mA。

9）3.3V 端口输出能力：50mA。

10）Flash：32 KB（ATmega32u4）其中 4 KB 由引导程序使用。

11）SRAM：2.5 KB（ATmega32u4）。

12）EEPROM：1 KB（ATmega32u4）。

13）时钟速度：16MHz。

（3）Arduino Due（见图 1-3）。与一般的 Arduino 控制器使用通用 8 位 AVR 单片机不同，Arduino Due 是一款基于 ARM Cortex-M3 的 Atmel SMART SAM3X8E CPU 作主控芯片的板卡。

作为首款基于 32 位 ARM 核心微控制器的 Arduino 板卡，它集成多种外部设备，配备 54 路数字输入/输出引脚（其中 12 路可用于 PWM 输出）、12 路模拟输出、4 个 UART（硬件串行端口）、84MHz 时钟、可用连接 2 个 DAC（数字—模拟）、2 个 TWI、1 个电源插座、1 个 SPI 接头、1 个 JTAG 接头、1 个复位按钮和 1 个擦除按钮。具有其他 Arduino 控制器无法比拟的优越性能，是当前功

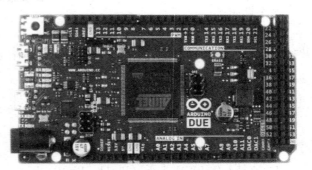

图 1-3　Arduino Due

能相对强大的控制器。

与其他 Arduino 板卡不同的是，Due 使用 3.3V 电压。输入/输出引脚最大容许电压为 3.3V，如使用更高电压，如将 5V 电压用于输入/输出引脚，可能会造成板卡损坏。

（4）Arduino Yún（见图 1-4）。ArduinoYún 的特点是采用了 ATmega32U4 处理器，同时还带有 AtherosAR9331，可支持基于 OpenWRT（即 Linino）的 Linux 通信功能。

Yún 板具备内置以太网和 WiFi 支持器、1 个 USB-A 端口、1 个微型 SD 板卡插槽、20 路数字输入/输出引脚（其中 7 路用于 PWM 输出、12 路作为模拟输入引脚）、1 个 16MHz 晶体振荡器，微型 USB 接口、1 个 ICSP 接头和 3 个复位按钮。Yún 还可以与板上 Linux 通信，给 Arduino 带来了功能强大的联网功能。

图 1-4　Arduino Yún

（5）Arduino Micro（见图 1-5）。Arduino Micro 开发板是由 Arduino 与 Adafruit 联合开发的板卡。板卡配有 20 路输入/输出引脚（其中 7 路可用于 PWM 输出，12 路用于模拟输入）、1 个 16MHz 晶体振荡器、1 个微型 USB 接口、1 个 ICSP 接头和 1 个复位按钮。

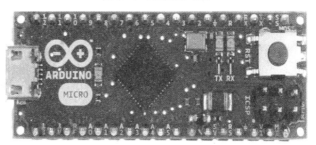

图 1-5　Arduino Micro

Arduino Micro 包含支持微处理器所需的全部配置，只需使用微型 USB 线将 Micro 与计算机连接，即可启动 Micro。

（6）Arduino Robot（见图 1-6）。Arduino Robot 是 Arduino 正式发布的首款配对产品。Robot 配有两个处理器，分别用于两块电路板，电动板驱动电动机，控制板负责读取传感器并确定操作方法。它们是基于 AT-Mega32u4 的装置，是完全可编程的，使用 Arduino IDE 即可进行编程。具体来说，Robot 的配置与 Leonardo 的配置程序相似，因为两款板卡的 MCU

图 1-6　Arduino Robot

均提供内置 USB 通信，有效避免使用辅助处理器。因此，对于联网计算机来说，Robot 就是一个虚拟（CDC）串行/CO 端口。

（7）Arduino Esplora（见图 1-7）。Arduino Esplora 是一款由 ATmega32u4 供电的微控制器板卡，以 Arduino Leonardo 为基础开发而成。该板卡专为不具备电子学应用基础且想直接使用 Arduino 的创客和 DIY 爱好者而设计。

图1-7 Arduino Esplora

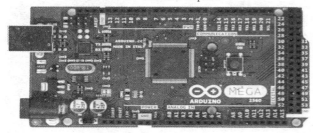

图1-8 Arduino Mega2560

Esplora 具备板上声光输出功能，配有若干输入传感器，包括一个操纵杆、滑块、温度传感器、加速度传感器、麦克风和一个光传感器。Esplora 具备扩展潜力，还可配置两个 Tinkerkit 输入和输出接头，配置适用于彩色 TFTLCD 屏幕的插座。

（8）Arduino Mega2560（见图1-8）。Arduino Mega2560 配有54路数字输入/输出引脚（其中15路可用于 PWM 输出）、16路模拟输入、4个 UART（硬件串行端口）、1个16MHz 晶体振荡器、1个 USB 接口、1个电源插座、1个 ICSP 接头和1个复位按钮。用户只需使用 USB 线将 Mega2560 连接到计算机，并使用交流-直流适配器或电池提供电力，即可启动 Mega2560。

Arduino Mega2560 是一种增强型的 Arduino 控制器，它采用 ATmega2560 作为核心处理器。相对于 Arduino Uno 控制器，它提供了更多的输入输出接口，可以控制更多的设备，以及拥有更大的程序空间和内存，可以完成较大的项目。

基本性能：

1）处理器：ATmega2560。

2）工作电压：5V。

3）推荐输入电压：7~12V。

4）限制输入电压：6~20V。

5）数字 I/O 脚：54（其中16路作为 PWM 输出）。

6）模拟输入脚：16。

7）I/O 脚直流电流：40mA。

8）3.3V 脚直流电流：50mA。

9）Flash Memory：256KB（ATmega328，其中8KB 用于 bootloader）。

10）SRAM：8KB。

11）EEPROM：4KB。

12）工作时钟：16MHz。

（9）Arduino Mini（见图1-9）。Arduino Mini 最初采用 ATmega168 作为其核心处理器，现已改用 ATmega328，Arduino Mini 的设计宗旨是实现 Mini 在电路板应用或极需空间的项目中的应用。

Arduino Mini 板卡配有14路数字

图1-9 Arduino Mini

输入/输出引脚（其中 6 路用于 PWM 输出）、8 路模拟输入、1 个 16MHz 晶体振荡器。用户可通过 USB 串行适配器、另一个 USB、或 RS232-TTL 串行适配器对 Arduino Mini 进行程序设定。

（10）Arduino LilyPad（见图 1-10）。Arduino LilyPad 控制板以 ATmega168V（低功耗版 ATmega168）或 ATmega328V 为核心处理器，需要外部模块配合来完成程序下载。

（11）Arduino Nano（见图 1-11）。Arduino Nano 是一款基于 ATmega328（Arduino Nano 3.x）或 ATmega168（Arduino Nano2.x）的开发卡，体积小巧、功能全面且适用的电路板，需要外部模块配合来完成程序下载。

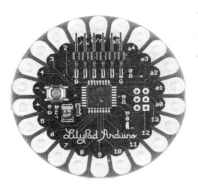

图 1-10 Arduino LilyPad

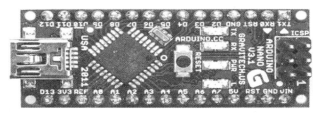

图 1-11 Arduino Nano

基本性能：

1）处理器：ATmega168 or ATmega328。

2）工作电压：5V。

3）推荐输入电压：7~12V。

4）限制输入电压：6~20V。

5）数字 I/O 脚：14（其中 6 路作为 PWM 输出）。

6）模拟输入脚：6。

7）I/O 脚直流电流：40mA。

8）Flash Memory：16KB 或 32KB（其中 2KB 用于 bootloader）。

9）SRAM：1KB 或 2KB。

10）EEPROM：0.5KB 或 1KB（ATmega328）。

11）USB 接口。

12）工作时钟：16MHz。

（12）Arduino Pro Mini（见图 1-12）。Arduino Pro Mini 采用 ATmega328 作为核心处理器，配备 14 路数字输入/输出引脚（其中 6 路用于 PWM 输出）、8 路模拟输入、一个板上谐振器、一个复位按钮和若干用于安装引脚接头的小孔。Arduino Pro Mini 另备一个配有 6 个引脚的接头，可连接至 FTDI 电缆或 Sparkfun 分接板，用于为此板卡提供 USB 电源与通信。

图 1-12 Arduino Pro Mini

（13）Arduino Fio（见图 1-13）。Arduino Fio（V3）是一款基于 ATmega 32U4 的微控制器板卡。Arduino Fio 专为无线应用而设计，它具备 14 路数字输入/输出引脚（其中 6 路可用于 PWM 输出）、8 路模拟输入、1 个板上谐振器、1 个复位按钮和用于安装引脚接头的小孔。此卡还提供锂聚合物电池连接装置，并包括 1 个通过 USB 的充电电路。

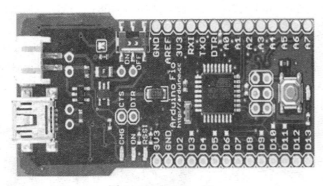

图 1-13　Arduino Fio

（14）Arduino Zero（见图 1-14）。Arduino Zero 是 Atmel 与 Arduino 合作推出开发板，一款简洁、优雅、功能强大的 32 位平台扩展板。

Arduino Zero 板卡使用 Atmel 公司的 ARM Cortex M0 芯片作主控芯片，它最大的特点是提供包含一个的 SMART SAMD21 MCU 处理器，其特点是嵌入式调试器 EDBG 调试端口，可以联机进行单步调试，极大降低了 Arduino 开发调试的难度。

（15）Arduino 外围模块。Arduino 可以通过各种外围扩展板或模块与各种开关、传感器、通信设备、显示设备组合连接，完成各种特定的功能。

图 1-14　Arduino Zero

二、Arduino 开发软件

Arduino 开发 IDE 界面基于开放原始码原则，Arduino 开发软件可以让读者从 Arduino 官网，免费下载使用。

Arduino 开发软件可以直接安装，也可以下载安装用的压缩文件，经解压后安装。

Arduino 开发软件安装完毕，会在桌面产生一个快捷启动图标" 💥 "。双击该图标，首先出现的是 Arduino 软件启动画面（见图 1-15）。

启动完毕，可以看到一个简明的 Arduino 软件开发界面（见图 1-16）。

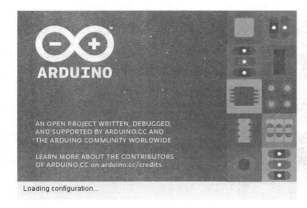

图 1-15　Arduino 软件启动画面

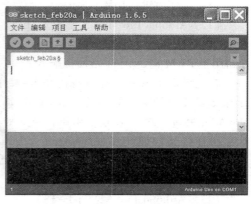

图 1-16　Arduino 软件开发界面

Arduino 软件开发界面包括菜单栏、工具栏、项目选项卡、程序代码编辑区和调试提示区。

菜单栏有"文件"、"编辑"、"程序"、"工具"、"帮助"5 个主菜单。

工具栏包括校验、下载、新建、打开、保存等快捷工具命令按钮。

相对于 ICC、Keil 等专业开发软件，Arduino 软件开发环境显得简单明了，便捷实用，使得编程技术基础知识不多的人也可快速学会使用。

⚙ 技能训练

一、训练目标

（1）了解 Arduino Mega2560 硬件。

（2）了解 Arduino 软件。

二、训练步骤与内容

（1）上网搜索 Arduino Mega2560 硬件，查看有关 Arduino Mega2560 硬件的相关文件，了解 Arduino 硬件的发展现状及未来趋势。

（2）认识 Arduino Mega2560。

1）通过 USB 线将 Arduino Mega2560 控制器连接计算机的 USB 接口。

2）查看 Arduino Mega2560 控制器的电源。

3）查看 Arduino Mega2560 控制器的电源指示灯、串口发送 TX 指示灯、串口接收指示灯、13 号引脚 LED 指示灯。

4）按下复位键，让 Arduino Mega2560 控制器重新启动运行。

5）查看 Arduino Mega2560 控制器的输入、输出端口，了解各个端口的功能。

（3）上网搜索 Arduino 软件，查看有关 Arduino 软件的相关文件，了解 Arduino 软件的发展现状及未来趋势。

任务 2　学用 Arduino 开发工具

💡 基础知识

一、Arduino Mega2560 开发板

1. Arduino Mega2560 开发板

Arduino Mega2560 是采用 USB 接口的核心电路板，如图 1-17 所示。它最大的特点就是具有多达 54 路数字输入输出，特别适合需要大量 I/O 接口的设计。Arduino Mega2560 的处理器核心是 ATmega2560，同时具有 54 路数字输入/输出口（其中 14 路可作为 PWM 输出），16 路模拟输入，4 路串行通信接口，1 个 16MHz 晶体振荡器，1 个 USB 口，1 个电源插座，1 个 ICSP 插头和一个复位按钮。Arduino Mega2560 也能兼容为 Arduino UNO 设计的扩展板。

ArduinoMega2560 开发板基本性能：

（1）处理器：ATmega2560。

（2）工作电压：5V。

（3）输入电压（推荐）：7~12V。

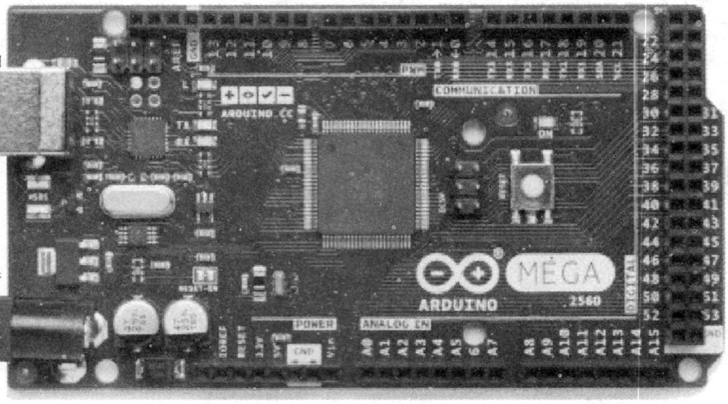

数字输入　　　　串口0　　　　数字输入

USB接口

数字输入

稳压器

DC
电源输入

电源接口　　　　　　　模拟输入

图1-17　Arduino Mega2560开发板

（4）输入电压（范围）：6~20V。

（5）数字输入/输出口：54路（其中16路作为PWM输出）。

（6）串口信号：4路，串口0的0（RX）和1（TX）；串口1的19（RX）和18（TX）；串口2的17（RX）和16（TX）；串口3的15（RX）和14（TX）。其中串口0与内部ATmega8U2 USB-to-TTL芯片相连，提供TTL电压水平的串口接收信号。

（7）外部中断：6路，2（中断0），3（中断1），18（中断5），19（中断4），20（中断3），and 21（中断2）。触发中断引脚，可设成上升沿、下降沿或同时触发。

（8）脉冲宽度调制PWM：14路（0~13），提供14路8位PWM输出。

（9）SPI（53（SS），51（MOSI），50（MISO），52（SCK））：SPI通信接口。

（10）LED（13号）：Arduino专门用于测试LED的保留接口，输出为高时点亮LED，反之输出为低时LED熄灭。

（11）16路模拟输入：每一路具有10位的分辨率（即输入有1024个不同值），默认输入信号范围为0~5V，可以通过AREF调整输入上限。除此之外，有些引脚有特定功能。

1）TWI接口20（SDA）和21（SCL）：支持通信接口（兼容I2C总线）。

2）AREF：模拟输入信号的参考电压

3）Reset：信号为低时复位单片机芯片。

（12）I/O脚直流电流：40mA。

（13）3.3V脚直流电流：50mA。

（14）Flash Memory：256KB（ATmega2560，其中8KB用于bootloader）。

（15）SRAM：8KB。

（16）EEPROM：4KB。

（17）工作时钟：16MHz。

2. 接口功能

（1）电源接口。ArduinoMega2560有3种供电方式。

1）通过USB接口供电，电源电压为5V。

2）通过DC电源输入供电，电源电压为7~12V。

3）通过电源接口处供电，可选5V或VIN端口，5V端口必须接5V电源，VIN端口可连接7~12V电源。

（2）指示灯。

1）电源指示灯ON，当Arduino Mega2560通电时，ON指示灯亮。

2）串口发送指示灯TX，当使用USB连接计算机且Arduino Mega2560向计算机发送数据时，TX指示灯亮。

3）串口接收指示灯RX，当使用USB连接计算机且计算机向Arduino Mega2560接收数据时，RX指示灯亮。

4）可编程指示灯L，该指示灯连接在Arduino Mega2560的13号引脚，当13号引脚为高电平或高阻态时，L指示灯亮，为低电平时，L指示灯熄灭。因此，可通过编程来控制L指示灯。

（3）复位按钮。按下复位按钮，Arduino Mega2560重新启动运行。

（4）通信接口。

1）串口通信：ATmega328内置的UART可以通过数字口0（RX）和1（TX）与外部实现串口通信；ATmega16U2可以访问数字口实现USB上的虚拟串口。

2）TWI（兼容I2C）接口：TWI两线通信接口，与IIC总线完全兼容的接口。

3）SPI接口：用于SPI通信的接口。SPI是串行外设接口（Serial Peripheral Interface）的缩写。SPI，是一种高速的、全双工、同步的通信总线。

（5）下载程序。

1）ArduinoMega2560上的ATmega2560已经预置了bootloader程序，因此可以通过Arduino软件直接下载程序到Arduino Mega2560中。

2）可以直接通过Arduino Mega2560开发板上ICSP插头直接下载程序到ATmega2560。

二、Arduino IDE 开发环境

Arduino IDE开发环境包括菜单栏、工具栏、项目选项卡、程序代码编辑区和调试提示区。

1. 菜单栏

菜单栏有"文件""编辑""项目""工具""帮助"5个主菜单。

（1）"文件"菜单（见图1-18）。

1）新建。执行"文件"菜单下的"新建"命令，新建一个项目文件。

2）打开。执行"文件"菜单下的"打开"命令，弹出打开文件对话框，选择一个Arduino文件，单击"打开"命令按钮，打开一个Arduino项目文件。

3）Open Recent。单击"文件"→"Open Recent"，子菜单右侧显示最近编辑过的项目，选择其中一个，即可打开该项目文件。

4）项目文件夹。单击"文件"→"项目文件夹"，显示当前项目的文件夹及文件存放的位置。

图1-18　"文件"菜单

5）示例。单击"文件"→"示例"，右侧显示Arduino所有的案例类程序，在某类案例右侧中选择一个项目，即可打开一个实例项目。打开示例程序如图1-19所示。

6）关闭。执行"文件"→"关闭"，关闭当前项目文档。

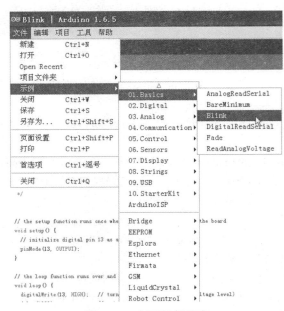

图 1-19 打开示例程序

7）保存。执行"文件"→"保存"，保存当前项目文档。

8）另存为。执行"文件"→"另存为"，弹出另存文件对话框，设定文件保存路径文件夹，再设定项目文件名，单击"保存"命令按钮，将当前项目文件以新文件名另存。

9）首选项。执行"文件"→"首选项"，弹出首选项对话框，如图1-20所示，可以设置项目文件夹的位置等，设置完成，单击"好"按钮，可以保存首选项的设置。

（2）"编辑"菜单（见图1-21）。"编辑"菜单下有复制、剪切、粘贴、全选、注释、取消注释、增加缩进、减少缩进、查找、复原、重做等子菜单命令，与一般文档的编辑命令类似。

图 1-20 "首选项"对话框

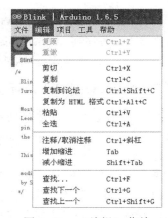

图 1-21 "编辑"菜单

（3）"项目"菜单（见图1-22）。

1）验证/编译。执行"项目"→"验证/编译"，验证或编译项目文件。编译完成后的界面，如图1-23所示。

2）上传。执行"项目"→"上传"，向控制器上传项目文件。

3）使用编程器上传。执行"项目"→"使用编程器上传"，通过编程器上传项目文件。

4）Export Compiled Binary。输出已编译过的二进制文件。

5）显示 Sketch 文件夹。执行"项目"→"显示 Sketch 文件夹"，显示当前文件所在的文件夹。

6）Include Library。执行"项目"→"Include Library"，选择包含的库文件。

7）添加文件。执行"项目"→"添加文件"，添加图片或其他文件复制到当前的项目文件夹。

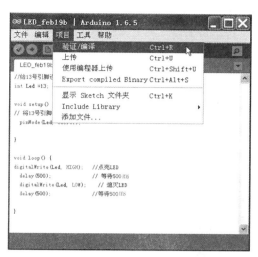

图1-22 "项目"菜单

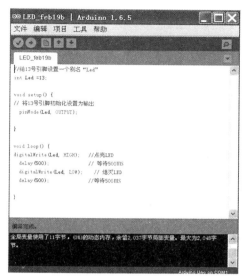

图1-23 编译完成后的界面

（4）"工具"菜单（见图1-24）。

1）自动格式化。执行"工具"→"自动格式化"，自动格式化项目文件，按通常格式要求排齐文档文件。

2）项目存档。执行"工具"→"项目存档"，弹出"项目另存为"对话框，将项目文件存档到指定文件夹。

3）编码修正与重载。执行"工具"→"编码修正与重载"，对编码文件进行修正，并重新下载到控制器。

4）串口监视器。执行"工具"→"串口监视器"，打开串口调试器，查看串口发送或接收的数据，对控制器串口进出监视和调试。

5）板。执行"工具"→"板"，弹出选择Arduino控制板的类型选项菜单，选择一种当前使用的Arduino控制板。

6）端口。执行"工具"→"端口"，选择当前控制板连接的串口。

（5）"帮助"菜单（见图1-25）。执行帮助菜单下的相关子菜单命令，跳到指定帮助网络，提供Arduino编程过程的远程网络帮助。

图1-24 "工具"菜单

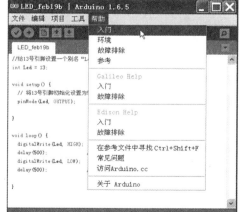

图1-25 "帮助"菜单

图 1-26　工具栏

2. 工具栏（见图 1-26）

工具栏包括校验、下载、新建、打开、保存等快捷工具命令按钮。

（1）校验。验证程序是否编写无误，若无误则编译该项目。

（2）下载。下载程序到 Arduino 控制板。

（3）新建。新建一个项目。

（4）打开。打开一个项目。

（5）保存。保存当前项目。

三、安装 Arduino 控制板驱动软件

（1）将 USB 线的梯形口插入 Arduino Mega2560 控制板 USB 接口。

（2）USB 线的另一端插入电脑的 USB 接口，插好后，Arduino Mega2560 控制板上的电源指示灯会被点亮，电脑上会出现一个发现新硬件的对话框，如图 1-27 所示。

（3）单击"下一步"按钮，串口驱动软件自动安装，如图 1-28 所示。

（4）串口驱动软件安装完毕，出现图 1-29 所示的安装完成对话框。

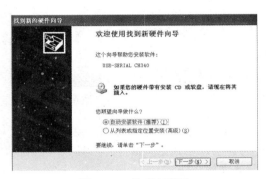

图 1-27　发现新硬件

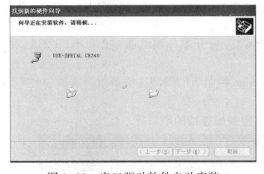

图 1-28　串口驱动软件自动安装

图 1-29　软件安装完毕

（5）单击"完成"按钮，结束 Arduino Mega2560 控制板驱动软件的安装。

 技能训练

一、训练目标

（1）学用 Arduino Mega2560 开发板。

（2）学会使用 Arduino 开发环境。

（3）学会安装 Arduino Mega2560 开发板驱动程序。

（4）学会调试 Arduino 语言程序。

二、训练步骤与内容

（1）安装 Arduino 开发环境。

（2）安装 Arduino Mega2560 开发板驱动程序。

（3）建立一个项目。

1）在 E 盘新建 A2560 文件夹，在 A2560 文件夹内，新建一个文件夹 A01。

2）启动 Arduino 软件。

3）选择执行"文件"菜单下的"New"，新建一个项目命令，自动创建一个新项目。

4）执行"文件"菜单下的"另存为"命令，打开另存为对话框，选择另存的文件夹 A01，在文件名栏输入"TEST1"，单击"保存"按钮，保存 TEST1 项目文件。

（4）编写程序文件。

1）依次单击"文件"→"示例"→"01 Basic"→"Blink"命令，打开 Blink 项目文件。

2）在 Blink 项目文件编辑区单击。执行"编辑"→"全选"命令。选择 Blink 项目文件的全部内容。

3）执行"编辑"菜单下的"复制"子菜单命令。复制 Blink 项目文件的全部内容。

4）在 TEST1 项目文件编辑区单击，执行"编辑"→"全选"命令，全选文件的内容。按计算机上的删除键，删除编辑区的全部内容。

5）然后执行"编辑"→"粘贴"命令。粘贴 Blink 项目文件的全部内容。

6）在编辑区，将程序代码中的英文注释修改为中文注释。

7）单击"文件"→"保存"，保存文件。

（5）编译程序。

1）单击"工具"→"板"命令，在右侧出现的板选项菜单中选择"Arduino Mega2560"。

2）单击"项目"→"验证/编译"命令，或单击工具栏的"验证/编译"按钮，Arduino 软件首先验证程序是否有误，若无误，程序自动开始编译程序。

3）等待编译完成，在软件调试提示区，观看编译结果。

（6）下载调试程序。

1）单击工具栏的下载工具按钮图标，将程序下载到 Arduino Mega2560 控制板。

2）下载完成，在软件调试提示区，观看下载结果，观察 Arduino Mega2560 控制板上 L 指示灯的状态变化。

习题1

1. 仔细查看 Arduino Mega2560 控制板，查看各个接线端分区和名称，查看各指示灯，查看集成电路芯片，查看各种通信接口。

2. 如何应用 Arduino 开发软件？

3. 如何下载 Arduino 控制程序？

（1）认识 C 语言程序结构。
（2）了解 C 语言的数据类型。
（3）学会应用 C 语言的运算符合表达式。
（4）学会使用 C 语言的基本语句。
（5）学会定义和调用函数。

任务 3　Arduino 程序结构

基础知识

一、Arduino 语言及程序结构

1. Arduino 语言

Arduino 一般使用 C/C++语言编辑程序。C++是一种兼容 C 的编程语言，但 C++与 C 又稍有差别。C++是一种面向对象的编程语言，而 C 是一种面向过程的编程语言。早期的 Arduino 核心库使用 C 语言编写，后来引进了面向对象的思维，目前最新的 Arduino 使用的是 C 和 C++混合编程模式。

Arduino 语言实质上是指 Arduino 的核心库提供的各种 API（应用程序接口）的集合。这些 API 是对底层的单片机支持库进行二次封装组成的。例如 AVR 单片机的 Arduino 核心库是对 AVR － Libc（基于 GCC 的 AVR 单片机支持库）的二次封装。

在 AVR 单片机的开发中，需要了解 AVR 单片机各个寄存器的作用和设置方法，其中对 I/O 的设置通常包括对输出方向寄存器 DDRi 的设置和端口寄存器 PORTi 的设置。例如对 I/O 端口 PA3 的设置如下。

```
DDRA |=(1<<PA3);        //设置 PA3 为输出
PORTA |=(1<<PA3);       //设置 PA3 输出高电平
```

而在 Arduino 中，直接对对口进行操作，操作程序如下：

```
pinMode(13,OUTPUT);        //设置引脚 13 为输出
digitalWrite(13,HIGH);     //设置引脚 13 输出高电平
```

程序中的 pinMode 设置引脚的模式，pinMode（13，OUTPUT）设置引脚 13 为输出。digitalWrite 用于设置引脚的输出状态，digitalWrite（13，HIGH）设置引脚 13 输出高电平。pinMode（）和 digitalWrite（）是封装好的 API 函数语句，这些语句更容易被理解，而不必了

解单片机的结构和复杂的端口寄存器的配置就能直接控制 Arduino 硬件控制装置。这样的编程语句，即可增加程序的可读性，也能提高编程效率。

2. Arduino 程序结构

Arduino 程序结构与传统的 C 语言程序结构不同，在 Arduino 没有 main（）主函数。实质上 Arduino 程序并不是没有 main（）主函数，而是将 main（）主函数的定义隐含在核心库文件中。在 Arduino 开发中，我们不直接操作 main（）主函数，只需对 setup（）和 loop（）两个函数进行操作即可。

Arduino 的基本程序结构是由 setup（）和 loop（）两个函数组成。

```
void setup(){
  //put your setup code here,to run once:(这里放置 setup()函数代码,它只运行一次)
}
void loop(){
  //put your main code here,to run repeatedly:(这里放置 main()函数代码,它重复循环运行)
}
```

setup（）函数用于 Arduino 硬件的初始化设置，配置端口属性、设置端口电平等，Arduino 控制器复位后，即开始执行 setup（）函数中的程序，且只会执行一次。

setup（）函数执行完毕，开始执行 loop（）函数中的程序，而 loop（）是一个循环执行的程序，在 loop（）函数完成程序的主要功能，采集数据、驱动模块、通信等。

二、C 语言基础

1. C 语言的主要特点

C 语言是一个程序语言，一种能以简易方式编译、处理低级存储器、产生少量的机器码、不需要任何运行环境支持便能运行的编程语言。

（1）语言简洁、紧凑，使用方便、灵活。C 语言一共只有 32 个关键字，9 种控制语句，程序书写形式自由，主要用小写字母表示，压缩了一切不必要的成分。

（2）运算符丰富。C 的运算符包含的范围很广泛，共有 34 种运算符。C 把括号、赋值、强制类型转换等都作为运算符处理，从而使 C 的运算类型极其丰富，表达式类型多样化。灵活使用各种运算符可以实现在其他高级语言中难以实现的运算。

（3）数据结构丰富，具有现代化语言的各种数据结构。C 的数据类型有整型、实型、字符型、数组类型、指针类型、结构体类型、共用体类型等。能用来实现各种复杂的数据结构（如链表、树、栈等）的运算。尤其是指针类型数据，使用起来灵活、多样。

（4）具有结构化的控制语句（如 if…else 语句、while 语句、do…while 语句、switch 语句、for 语句）。用函数作为程序的模块单位，便于实现程序的模块化。C 是良好的结构化语言，符合现代编程风格的要求。

（5）语法限制不太严格，程序设计自由度大。对变量的类型使用比较灵活，例如整型数据与字符型数据可以通用。一般的高级语言语法检查比较严，能检查出几乎所有的语法错误。而 C 语言允许程序编写者有较大的自由度。

（6）C 语言能进行位（bit）操作，能实现汇编语言的大部分功能，可以直接对硬件进行操作。C 语言可以汇编语言混合编程，即可用于编写系统软件，也可用于编写应用软件。

2．C 语言的标识符与关键字

C 语言的标识符用于识别源程序中的对象名字。这些对象可以是常量、变量数组、数据类型、存储方式、语句、函数等。标识符由字母、数字和下划线等组成。第一个字符必须是字母或下划线。标识符应当含义清晰、简洁明了，便于阅读与理解。C 语言对大小写字母敏感，对于大小写不同的两个标识符，会看作两个不同的对象。

关键字是一类具有固定名称和特定含义的特别的标识符，有时也称为保留字。在设计 C 语言程序时，一般不允许将关键字另作他用。即要求标识符命名不能与关键字相同。与其他语言比较，C 语言标识符还是较少的。美国国家标准局（American National Standards Institute，ANSI）ANSI C 标准的关键字见表 2-1。

表 2-1　　　　　　　　　　　　　　ANSI C 标准的关键字

关键字	用途	说　　明
auto	存储类型声明	指定为自动变量，由编译器自动分配及释放。通常在栈上分配。与 static 相反。当变量未指定时默认为 auto
break	程序语句	跳出当前循环或 switch 结构
case	程序语句	开关语句中的分支标记，与 switch 连用
char	数据类型声明	字符型类型数据，属于整型数据的一种
const	存储类型声明	指定变量不可被当前线程改变（但有可能被系统或其他线程改变）
continue	程序语句	结束当前循环，开始下一轮循环
default	程序语句	开关语句中的"其他"分支，可选
do	程序语句	构成 do…while 循环结构
double	数据类型声明	双精度浮点型数据，属于浮点数据的一种
else	程序语句	条件语句否定分支（与 if 连用）
enum	数据类型声明	枚举声明
extern	存储类型声明	指定对应变量为外部变量，即标示变量或者函数的定义在别的文件中，提示编译器遇到此变量和函数时在其他模块中寻找其定义
float	数据类型声明	单精度浮点型数据，属于浮点数据的一种
for	程序语句	构成 for 循环结构
goto	程序语句	无条件跳转语句
if	程序语句	构成 if…else…条件选择语句
int	数据类型声明	整型数据，表示范围通常为编译器指定的内存字节长
long	数据类型声明	修饰 int，长整型数据，可省略被修饰的 int
register	存储类型声明	指定为寄存器变量，建议编译器将变量存储到寄存器中使用，也可以修饰函数形参，建议编译器通过寄存器而不是堆栈传递参数
return	程序语句	函数返回。用在函数体中，返回特定值
short	数据类型声明	修饰 int，短整型数据，可省略被修饰的 int
signed	数据类型声明	修饰整型数据，有符号数据类型
sizeof		得到特定类型或特定类型变量的大小
static	存储类型声明	指定为静态变量，分配在静态变量区，修饰函数时，指定函数作用域为文件内部
struct	数据类型声明	结构体声明

关键字	用途	说　　明
switch	程序语句	构成 Switch 开关选择语句（多重分支语句）
typedef	数据类型声明	声明类型别名
union	数据类型声明	共用体声明
unsigned	数据类型声明	修饰整型数据，无符号数据类型
void	数据类型声明	声明函数无返回值或无参数，声明无类型指针，显示丢弃运算结果
volatile	数据类型声明	指定变量的值有可能会被系统或其他线程改变，强制编译器每次从内存中取得该变量的值，阻止编译器把该变量优化成寄存器变量
while	程序语句	构成 while 和 do…while 循环结构

3. C 语言程序结构

与标准 C 语言相同，C 语言程序由一个或多个函数构成，至少包含一个主函数 main（）。程序执行是从主函数开始的，调用其他函数后又返回主函数。被调用函数如果位于主函数前，可以直接调用，否则要先进行声明然后再调用，函数之间可以相互调用。

C 语言程序结构如下：

```
#include<iom16v.h >                      /*预处理命令,用于包含头文件等*/
void DelayMS( unsigned int i);          //函数1说明
                                        //函数n说明

void main(void)                         /*主函数*/
{                                       /*主函数开始*/
  DDRA=0xff;                            //设置PA口为输出
  PORTA=0xfb;                           /*打开LED锁存*/
  DDRB=0xff;                            //设置PB口为输出
  PORTB=0xff;                           //设置PB口输出高电平
  while(1)                              /*while循环语句*/
  {                                     /*执行语句*/
    PORTB=0xfe;                         //设置PB0输出低电平,点亮LED0
    DelayMS(500);                       //延时500ms
    PORTB=0xff;                         //设置PB0输出高电平,熄灭LED0
    DelayMS(500);                       //延时500ms
  }
}
void DelayMS(uInt16 ValMS)              //函数1定义
  {
    uInt16 uiVal,ujVal;                 //定义无符号整型变量i,j
    for(uiVal=0;uiVal<ValMS;uiVal++)    //进行循环操作
{for(ujVal=0;ujVal<1170;ujVal++);
    }                                   //进行循环操作,以达到延时的效果
  }
  //函数n定义
```

C 语言程序是由函数组成，函数之间可以相互调用，但主函数 main（）只能调用其函数，主函数 main（）不可以被其他函数调用。其他函数可以是用户定义的函数，也可以是 C51 的

库函数。无论主函数 main（）在什么位置，程序总是从主函数 main（）开始执行的。

编写 C 语言程序的要求如下。

（1）函数以"{"花括号开始，到"}"花括号结束。包含在"{}"内部的部分称为函数体。花括号必须成对出现，如果在一个函数内有多对花括号，则最外层花括号为函数体范围。为了使程序便于阅读和理解，花括号对可以采用缩进方式。

（2）每个变量必须先定义，再使用。在函数内定义的变量为局部变量，只可以在函数内部使用，又称为内部变量。在函数外部定义的变量为全局变量，在定义的那个程序文件内使用，可称为外部变量。

（3）每条语句最后必须以一个";"分号结束，分号是 C51 程序的重要组成部分。

（4）C 语言程序没有行号，书写格式自由，一行内可以写多条语句，一条语句也可以写于多行上。

（5）程序的注释必须放在"/*……*/"（注释多行）之内，也可以放在"//"（注释一行）之后。

三、C 语言的数据类型

C 语言的数据类型可以分为基本数据类型和复杂数据类型。基本数据类型包括字符型（char）、整型（int）、长整型（long）、浮点型（float）、指针型（*p）等。复杂数据类型由基本数据类型组合而成。

1. 可识别的数据类型

C 语言编译器可识别的数据类型见表 2-2。

表 2-2　　　　　　　　　　C 语言编译器可识别的数据类型

数据类型	字节长度	取值范围
signed char	1 字节	−128~127
unsigned char	1 字节	0~255
（char（*））	1 字节	0~255
signed int	2 字节	−32768~32767
unsigned int	2 字节	0~65535
signed long	4 字节	−2147483648~2147483647
unsigned long	4 字节	0~4294967925
float	4 字节	±1.175494E−38~±3.402823E+38
*	1~3 字节	对象地址
double	4 字节	±1.175494E−38~±3.402823E+38
signed short	2 字节	−32768~32767
unsigned short	2 字节	0~65535

2. 数据类型的隐形变换

在 C 语言程序的表达式或变量赋值中，有时会出现运算对象不一致的状况，C 语言允许任何标准数据类型之间的隐形变换。变换按 bit→char→int→long→float 和 signed→unsigned 的方向变换。

3. 支持的数据类型

C 语言编译器支持结构类型、联合类型、枚举类型数据等复杂数据。

4. 常量

C 语言程序中的常量包括字符型常量、字符串常量、整型常量、浮点型常量等。字符型常量是带单引号内的字符，例如‘i’、‘j’等。对于不可显示的控制字符，可以在该字符前加反斜杠"\"组成转义字符。常用的转义字符见表 2-3。

表 2-3　　　　　　　　　　　　　　　常用的转义字符

转义字符	转义字符的意义	ASCII 代码
\ 0	空字符（NULL）	0x00
\ b	退格（BS）	0x08
\ t	水平制表符（HT）	0x09
\ n	换行（LF）	0x0A
\ f	走纸换页（FF）	0xC
\ r	回车（CR）	0xD
\ "	双引号符	0x22
\ '	单引号符	0x27
\ \	反斜线符"\"	0x5C

字符串常量由双引号内字符组成，例如"abcde"、"k567"等。字符串常量的首尾双引号是字符串常量的界限符。当双引号内字符个数为 0 时，表示空字符串常量。C 语言将字符串常量当作字符型数组来处理，在存储字符串常量时，要在字符串的尾部加一个转义字符"\0"作为结束符，编程时要注意字符常量与字符串常量的区别。

5. 变量

C 语言程序中的变量是一种在程序执行过程中其值不断变化的量。变量在使用之前必须先定义，用一个标识符表示变量名，并指出变量的数据类型和存储方式，以便 C 语言编译器系统为它分配存储单元。C 语言变量的定义格式如下：

[存储种类] 数据类型 [存储器类型] 变量名表；

其中，"存储种类"和"存储器类型"是可选项。存储种类有 4 种，分别是自动（auto）、外部（extern）、静态（static）和寄存器（register）。定义时如果省略存储种类，则该变量为自动变量。

定义变量时除了可设置数据类型外，还允许设置存储器类型，使其能在 51 单片机系统内准确定位。

存储器类型见表 2-4。

表 2-4　　　　　　　　　　　　　　　存储器类型

存储器类型	说明
data	直接地址的片内数据存储器（128 字节），访问速度快
bdata	可位寻址的片内数据存储器（16 字节），允许位、字节混合访问
idata	间接访问的片内数据存储器（256 字节），允许访问片内全部地址
pdata	分页访问的片内数据存储器（256 字节），用 MOVX@ Ri 访问
xdata	片外的数据存储器（64K），用 MOVX@ DPTR 访问
code	程序存储器（64K），用 MOVC@ A+DPTR 访问

根据变量的作用范围，可将变量分为全局变量和局部变量。全局变量是在程序开始处或函数外定义的变量，在程序开始处定义的全局变量在整个程序中有效。在各功能函数外定义的变量，从定义处开始起作用，对其后的函数有效。

局部变量指函数内部定义的变量，或函数的"｛｝"功能块内定义的变量，只在定义它的函数内或功能块内有效。

根据变量存在的时间可分为静态存储变量和动态存储变量。静态存储变量是指变量在程序运行期间存储空间固定不变；动态存储变量指存储空间不固定的变量，在程序运行期间动态为其分配空间。全局变量属于静态存储变量，局部变量为动态存储变量。

C语言允许在变量定义时为变量赋予初值。

下面是变量定义的一些例子。

```
char data a1;                    /*在 data 区域定义字符变量 a1*/
char bdata a2;                   /*在 bdata 区域定义字符变量 a2*/
int idata a3;                    /*在 idata 区域定义整型变量 a3*/
char code a4[]="cake";           /*在程序代码区域定义字符串数组 a4[]*/
extern float idata x,y;          /*在 idata 区域定义外部浮点型变量 x、y*/
sbit led1=P2^1;                  /*在 bdata 区域定义位变量 led1*/
```

变量定义时如果省略存储器种类，则按编译时使用的存储模式来规定默认的存储器类型。存储模式分为 SMALL、COMPACT 和 LARGE3 种。

（1）SMALL 模式时，变量被定义在单片机的片内数据存储器中（最大 128 字节，默认存储类型是 DATA），访问十分方便、速度快。

（2）COMPACT 模式时，变量被定义在单片机的分页寻址的外部数据寄存器中（最大 256 字节，默认存储类型是 PDATA），每一页地址空间是 256 字节。

（3）LARGE 模式时，变量被定义在单片机的片外数据寄存器中（最大 64K，默认存储类型是 XDATA），使用数据指针 DPTR 来间接访问，用此数据指针进行访问效率低，速度慢。

四、C 语言的运算符及表达式

C语言具有丰富的运算符，数据表达、处理能力强。运算符是完成各种运算的符号，表达式是由运算符与运算对象组成的具有特定含义的式子。表达式语句是由表达式及后面的分号";"组成，C语言程序就是由运算符和表达式组成的各种语句组成的。

C语言使用的运算符包括赋值运算符、算术运算符、逻辑运算符、关系运算符、加 1 和减 1 运算符、位运算符、逗号运算符、条件运算符、指针地址运算符、强制转换运算符、复合运算符等。

1. 赋值运算

符号"="在 C 语言中称为赋值运算符，它的作用是将等号右边数据的值赋值给等号左边的变量，利用它可以将一个变量与一个表达式连接起来组成赋值表达式，在赋值表达式后添加";"分号，组成 C 语言的赋值语句。

赋值语句的格式为：

变量=表达式；

在 C 语言程序运行时，赋值语句先计算出右边表达式的值，再将该值赋给左边的变量。右边的表达式可以是另一个赋值表达式，即 C 语言程序允许多重赋值。

```
a=6;              /*将常数6赋值给变量a*/
b=c=7;            /*将常数7赋值给变量b和c*/
```

2. 算术运算符

C 语言中的算术运算符包括"+"（加或取正值）运算符、"-"（减或取负值）运算符、"＊"（乘）运算符、"/"（除）运算符、"%"（取余）运算符。

在 C 语言中，加、减、乘法运算符合一般的算术运算规则，除法稍有不同，两个整数相除，结果为整数，小数部分舍弃，两个浮点数相除，结果为浮点数，取余的运算要求两个数据均为整型数据。

将运算对象与算术运算符连接起来的式子称为算术表达式。算术表达式表现形式为：

表达式1 算术运算符 表达式2

例如：x/(a+b),(a-b)＊(m+n)

在运算时，要按运算符的优先级别进行，算术运算中，括号（）优先级最高，其次取负值（-），再其次是乘法（＊）、除法（/）和取余（%），最后是加（+）减（-）。

3. 加 1 和减 1 运算符

加 1（++）和减 1（--）是两个特殊的运算符，分别作用于变量做加 1 和减 1 运算。

例如：m++，++m，n--，--j 等。

但 m++与++m 不同，前者在使用 m 后加 1，后者先将 m 加 1 再使用。

4. 关系运算符

C 语言中有 6 种关系运算符，分别是>（大于）、<（小于）、>=（大于等于）、<=（小于等于）、==（等于）、!=（不等于）。前 4 种具有相同的优先级，后两种具有等同的优先级，前 4 种优先级高于后两种。用关系运算符连接的表达式称为关系表达式，一般形式为：

表达式1 关系运算符 表达式2

例如：x+y>2

关系运算符常用于判断条件是否满足，关系表达式的值只有 0 和 1 两种，当指定的条件满足时为 1，否则为 0。

5. 逻辑运算符

C 语言中有 3 中逻辑运算符，分别是||（逻辑或）、&&（逻辑与）、!（逻辑非）。

逻辑运算符用于计算条件表达式的逻辑值，逻辑表达式就是用关系运算符和表达式连接在一起的式子。

逻辑表达式的一般形式为：

条件1 关系运算符 条件2

例如：x&&y,m||n,!z 都是合法的逻辑表达式。

逻辑运算时的优先级为：逻辑非→算术运算符→关系运算符→逻辑与→逻辑或。

6. 位运算符

对 C 语言对象进行按位操作的运算符，称为位运算符。位运算是 C 语言的一大特点，使其能对计算机硬件直接进行操控。

位运算符有 6 种，分别是~（按位取反）、<<（左移）、>>（右移）、&（按位与）、^（按

位异或）、| （按位或）。

位运算形式为：

变量 1 位运算符 变量 2

位运算不能用于浮点数。

位运算符作用是对变量进行按位运算，并不改变参与运算变量的值。如果希望改变参与位运算变量的值，则要使用赋值运算。

例如：a=a>>1

表示 a 右移 1 位后赋给 a。

位运算的优先级：~ （按位取反）→<< （左移）和>> （右移）→& （按位与）→^（按位异或）、→| （按位或）。

清零、置位、反转、读取也可使用按位操作符。

清零寄存器某一位可以使用按位与运算符。

如　PB2 清零：PORTB&=oxfb；或 PORTB&=~ （1<<2）；

置位寄存器某一位可以使用按位或运算符。

如　PB2 置位：PORTB|=oxfb；或 PORTB|=~ （1<<2）；

反转寄存器某一位可以使用按位异或运算符。

如　PB3 反转：PORTB^=ox08；或 PORTB^=1<<3；

读取寄存器某一位可以使用按位与运算符。

if （ （PINB&ox08） ）程序语句 1；

7. 逗号运算符

C 语言中的"，"逗号运算符是一个特殊的运算符，它将多个表达式连接起来。称为逗号表达式。逗号表达式的格式为：

表达式 1,表达式 2,……表达式 n

程序运行时，从左到右依次计算各个表达式的值，整个逗号表达式的值为表达式 n 的值。

8. 条件运算符

条件运算符"?"是 C 语言中唯一的三目运算符，它有 3 个运算对象，用条件运算符可以将 3 个表达式连接起来构成一个条件表达式。

条件表达式的形式为：

逻辑表达式? 表达式 1:表达式 2

程序运行时，先计算逻辑表达式的值，当值为真（非 0）时，将表达式 1 的值作为整个条件表达式的值；否则，将表达式 2 的值作为整个条件表达式的值。

例如：min=（a<b）？a：b 的执行结果是将 a、b 中较小值赋给 min。

9. 指针与地址运算符

指针是 C 语言中一个十分重要的概念，专门规定了一种指针型数据。变量的指针实质上就是变量对应的地址，定义的指针变量用于存储变量的地址。对于指针变量和地址间的关系，C 语言设置了两个运算符：& （取地址）和 * （取内容）。

取地址与取内容的一般形式为：

指针变量=& 目标变量
变量=*指针变量

取地址是把目标变量的地址赋值给左边的指针变量。

取内容是将指针变量所指向的目标变量的值赋值给左边的变量。

10. 复合赋值运算符

在赋值运算符的前面加上其他运算符，就构成了复合运算符，C语言中有10种复合运算符，分别是：+=（加法赋值）、-=（减法赋值）、*=（乘法赋值）、/=（除法赋值）、%=（取余赋值）、<<=（左移位赋值）、>>=（右移位赋值）、&=（逻辑与赋值）、|=（逻辑或赋值）、~=（逻辑非赋值）、^=（逻辑异或赋值）。

使用复合运算符，可以使程序简化，提高程序编译效率。

复合赋值运算首先对变量进行某种运算，然后再将结果赋值给该变量。符合赋值运算的一般形式为：

　　　　变量 复合运算符 表达式

例如：i+=3等效于i=i+3。

五、C语言的基本语句

1. 表达式语句

C语言中，表达式语句是最基本的程序语句，在表达式后面加";"号，就组成了表达式语句，如：

```
a=2;b=3;
m=x+y;
++j;
```

表达式语句也可以只由一个";"分号组成，称为空语句。空语句可以用于等待某个事件的发生，特别是用在while循环语句中。空语句还可用于为某段程序提供标号，表示程序执行的位置。

2. 复合语句

C语言的复合语句是由若干条基本语句组合而成的一种语句，它用一对"{}"将若干条语句组合在一起，形成一种控制功能块。复合语句不需要用";"分号结束，但它内部各条语句要加";"分号。

复合语句的形式为：

```
{
局部变量定义；
语句1；
语句2；
……；
语句n；
}
```

复合语句依次顺序执行，等效于一条单语句。复合语句主要用于函数中，实际上，函数的执行部分就是一个复合语句。复合语句允许嵌套，即复合语句内可包含其他复合语句。

3. if条件语句

条件语句又称为选择分支语句，它由关键字"if"和"else"等组成。C语言提供3种if条件语句格式。

```
if(条件表达式)语句
```

当条件表达式为真，就执行其后的语句。否则，不执行其后的语句。

```
if(条件表达式)语句1
else 语句2
```

当条件表达式为真，就执行其后的语句1。否则，执行 else 后的语句2。

```
if(条件表达式1)          语句1
elseif(条件表达式2)      语句2
……
elseif(条件表达式i)      语句m
else                    语句n
```

顺序逐条判断执行条件 j，决定执行的语句，否则执行语句 n。

4. swich/case 开关语句

虽然条件语句可以实现多分支选择，但是当条件分支较多时，会使程序繁冗，不便于阅读。开关语句是直接处理多分支语句，程序结构清晰，可读性强。swich/case 开关语句的格式为：

```
swich(条件表达式)
{
case 常量表达式1:语句1;
break;
case 常量表达式2:语句2;
break;
……
case 常量表达式n:语句n;
break;
default:语句m
}
```

将 swich 后的条件表达式值与 case 后的各个表达式值逐个进行比较，若有相同的，就是执行相应的语句，然后执行 break 语句，终止执行当前语句的执行，跳出 switch 语句。若无匹配的，就执行语句 m。

5. for、while、do…while 语句循环语句

循环语句用于 C 语言的循环控制，使某种操作反复执行多次。循环语句有：for 循环、while 循环、do…while 循环等。

（1）for 循环。采用 for 语句构成的循环结构的格式为：

```
for([初值设置表达式];[循环条件表达式];[更新表达式])语句
```

for 语句执行的过程是：先计算初值设置表达式的值，将其作为循环控制变量的初值，再检查循环条件表达式的结果，当满足条件时，就执行循环体语句，再计算更新表达式的值，然后再进行条件比较，根据比较结果，决定循环体是否执行，一直到循环表达式的结果为假（0值）时，退出循环体。

for 循环结构中的3个表达式是相互独立的，不要求它们相互依赖。3个表达式可以是默认

的，但循环条件表达式不要默认，以免形成死循环。

（2）while 循环。while 循环的一般形式为：

> while(条件表达式)语句；

while 循环中语句可以使用复合语句。

当条件表达式的结果为真（非 0 值），程序执行循环体的语句，一直到条件表达式的结果为假（0 值）。while 循环结构先检查循环条件，再决定是否执行其后的语句。如果循环表达式的结果一开始就为假，那么，其后的语句一次都不执行。

（3）do⋯while 循环。采用 do⋯while 也可以构成循环结构。do⋯while 循环结构的格式为：

> do 语句 while(条件表达式)

do⋯while 循环结构中语句可使用复合语句。

do⋯while 循环先执行语句，再检查条件表达式的结果。当条件表达式的结果为真（非 0 值），程序继续执行循环体的语句，一直到条件表达式的结果为假（0 值）时，退出循环。

do⋯while 循环结构中语句至少执行一次。

6. Goto、Break、continue 语句

Goto 语句是一个无条件转移语句，一般形式为：

> Goto 语句标号：

语句标号是一个带"："冒号的标识符。

Goto 语句可与 if 语句构成循环结构，goto 主要用于跳出多重循环，一般用于从内循环跳到外循环，不允许从外循环跳到内循环。

Break 语句用于跳出循环体，一般形式为：

> Break；

对于多重循环，break 语句只能跳出它所在的那一层循环，而不能像 goto 语句可以跳出最内层循环。

Continue 是一种中断语句，功能是中断本次循环。它的一般形式是：

> Continue；

Continue 语句一般与条件语句一起用在 for、while 等语句构成循环结构中，它是具有特殊功能的无条件转移语句，与 break 不同的是，continue 语句并不决定跳出循环，而是决定是否继续执行。

7. return 返回语句

return 返回语句用于终止函数的执行，并控制程序返回到调用该函数时所处的位置。

返回语句的基本形式为：

> return、return(表达式)

当返回语句带有表达式时，则要先计算表达式的值，并将表达式的值作为该函数的返回值。

当返回语句不带表达式时，则被调用的函数返回主调函数，函数值不确定。

六、函数

1. 函数的定义

一个完整的 C 语言程序是由若干个模块构成的，每个模块完成一种特定的功能，而函数就是 C 语言的一个基本模块，用以实现一个子程序功能。C 语言总是从主函数开始，main（）函数是一个控制流程的特殊函数，它是程序的起始点。在程序设计时，程序如果较大，就可以将其分为若干个子程序模块，每个子程序模块完成一个特殊的功能，这些子程序通过函数实现。

C 语言函数可以分为两大类，标准库函数和用户自定义函数。标准库函数用户可以直接使用。用户自定义函数使用户根据实际需要，自己定义和编写的能实现一种特定功能的函数。必须先定义后使用。函数定义的一般形式为：

> 函数类型 函数名(形式参数表)
> 形式参数说明
> {
> 局部变量定义
> 函数体语句
> }

其中，"函数类型"定义函数返回值的类型。

"函数名"是用标识符表示的函数名称。

"形式参数表"中列出的是主调函数与被调函数之间传输数据的形式参数。形式参数的类型必须说明。ANSI C 标准允许在形式参数表中直接对形式参数类型进行说明。如果定义的是无参数函数，可以没有形式参数表，但圆括号"（）"不能省略。

"局部变量定义"是定义在函数内部使用的变量。

"函数体语句"是为完成函数功能而组合各种 C 语言语句。

如果定义的函数内只有一对花括号且没有局部变量定义和函数体语句，该函数为空函数，空函数也是合法的。

2. 函数的调用与声明

通常 C 语言程序是由一个主函数 main（）和若干个函数构成。主函数可以调用其他函数，其他函数可以彼此调用，同一个函数可以被多个函数调用任意多次。通常把调用其他函数的函数称为主调函数，其他函数称为被调函数。

函数调用的一般形式为：

> 函数名(实际参数表)

其中"函数名"指出被调用函数的名称。

"实际参数表"中可以包括多个实际参数，各个参数之间用逗号分隔。实际参数的作用是将它的值传递给被调函数中的形式参数。要注意的是，函数调用中实际参数与函数定义的形式参数在个数、类型及顺序上必须严格保持一致，以便将实际参数的值分别正确地传递给形式参数。如果调用的函数无形式参数，可以没有实际参数表，但圆括号"（）"不能省略。

C 语言函数调用有 3 种形式。

（1）函数语句。在主调函数中通过一条语句来表示，如：

```
Nop();
```

这是无参数调用，是一个空操作。

（2）函数表达式。在主调函数中将被调函数作为一个运算对象直接出现在表达式中，这种表达式称为函数表达式，如：

```
y=add(a,b)+sub(m,n);
```

这条赋值语句包括两个函数调用，每个函数调用都有一个返回值，将两个函数返回值相加赋值给变量 y。

（3）函数参数。在主调函数中将被调函数作为另一个函数调用的实际参数，如：

```
x=add(sub(m,n),c)
```

函数 sub（m，n）作为里一个函数 add（sub（m，n），c）中实际参数表中，以它的返回值作为另一个被调函数的实际参数。这种在调用一个函数过程中有调用另一个函数的方式，称为函数的嵌套调用。

七、预处理

预处理是 C 语言在编译之前对源程序的编译。预处理包括宏定义、文件包括和条件编译。

1. 宏定义

宏定义的作用是用指定的标识符代替一个字符串。

一般定义为：

```
#define 标识符　字符串
#define uChar8 unsigned char　//定义无符号字符型数据类型 uChar8
```

定义了宏之后，就可以在任何需要的地方使用宏，在 C 语言处理时，只是简单地将宏标识符用它的字符串代替。

定义无符号字符型数据类型 uChar8，可以在后续的变量定义中使用 uChar8，在 C 语言处理时，只是简单地将宏标识符 uChar8 用它的字符串 unsigned char 代替。

2. 文件包含

文件包含的作用是将一个文件内容完全包括在另一个文件之中。

文件包含的一般形式为：

```
#include"文件名"或#include<文件名>
```

二者的区别在于用双引号的 include 指令首先在当前文件的所在目录中查找包含文件，如果没有则到系统指定的文件目录去寻找。

使用尖括号的 include 指令直接在系统指定的包含目录中寻找要包含的文件。

在程序设计中，文件包含可以节省用户的重复工作，或者可以先将一个大的程序分成多个源文件，由不同人员编写，然后再用文件包括指令把源文件包含到主文件中。

3. 条件编译

通常情况下，在编译器中进行文件编译时，将会对源程序中所有的行进行编译。如果用户想在源程序中的部分内容满足一定条件时才编译，则可以通过条件编译对相应内容制定编译的条件来实现相应的功能。条件编译有以下 3 种形式。

```
(1)#ifdef 标识符 程序段 1;#else 程序段 2;#endif
```

其作用是，当标识符已经被定义过（通常用#define 命令定义）时，只对程序段 1 进行编译，否则编译程序段2。

(2)#ifndef 标识符 程序段 1;#else 程序段 2;#endif

其作用是，当标识符已经没有被定义过（通常用#define 命令定义）时，只对程序段1进行编译，否则编译程序段2。

(3)#if 表达式 程序段 1;#else 程序段 2;#endif

当表达式为真，编译程序段1，否则，编译程序段2.

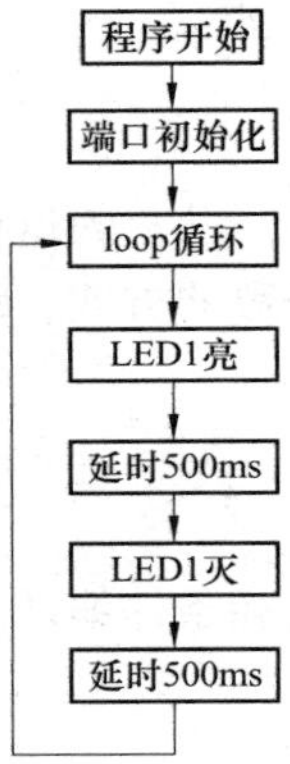

八、我的第一个 Arduino 语言程序设计

1. LED 灯闪烁控制流程图

LED 灯闪烁控制流程图如图 2-1 所示。

2. LED 灯闪烁控制程序

图2-1 LED 灯闪烁控制流程图

```
/*让 Arduino 控制板上的 LED 灯亮 0.5s,灭 0.5s,并如此循环运行。*/
    //Arduino 控制板连接在 13 号引脚上标有"L"的 LED 灯
    //给 13 号引脚设置一个别名"Led"
    int Led=13;
//在 Arduino 控制板启动或复位后,setup 部分程序运行一次
void setup(){
    //将 13 号引脚初始化设置为输出
    pinMode(Led,OUTPUT);
}
//setup 部分程序运行完毕,loop 部分的程序循环运行
void loop(){
    digitalWrite(Led,HIGH);          //点亮 LED
    delay(500);                      //等待 500ms
    digitalWrite(Led,LOW);           //熄灭 LED
    delay(500);                      //等待 500ms
}
```

3. LED 灯闪烁控制程序分析

LED 灯闪烁控制程序首先给 Arduino 控制板的 13 号引脚起了个别名 "Led"，便于人们识别。

LED 灯闪烁控制程序的 setup 部分初始化输出端 13 号引脚为输出。

LED 灯闪烁控制程序的 loop 部分是循环执行程序，首先使别名 "Led" 的 13 号引脚输出高电平，点亮 LED 灯，接着应用延时函数延时 500ms，然后使别名 "Led" 的 13 号引脚输出低电平，熄灭 LED 灯，接着应用延时函数再延时 500ms，如此反复，使得 LED 灯不断闪烁。

 技能训练

一、训练目标

（1）学会书写 Arduino 基本语句。

（2）学会 C 语言变量定义。

（3）学会编写 Arduino 语言函数程序。

（4）学会调试 Arduino 语言程序。

二、训练步骤与内容

（1）画出 LED 灯闪烁控制流程图。

（2）建立一个项目。

1）在 E 盘，新建一个文件夹 B01。

2）启动 Arduino 软件。

3）选择"文件"→"New"，自动创建一个新项目。

4）选择"文件"→"另存为"，打开另存为对话框，选择文件夹 B01，在文件名栏输入"LED1"，单击"保存"按钮，保存 LED1 项目文件。

（3）编写程序文件。在 LED1 项目文件编辑区输入 LED 灯闪烁控制程序，单击工具栏"（保存）按钮，保存项目文件。

（4）编译程序。

1）单击"工具"→"板"，在右侧出现的板选项菜单中选择"Arduino Mega2560"。

2）单击"项目"→"验证/编译"，或单击工具栏的"验证/编译"按钮，Arduino 软件首先验证程序是否有误，若无误，程序自动开始编译程序。

3）等待编译完成，在软件调试提示区，观看编译结果。

（5）下载调试程序。

1）单击工具栏的下载工具按钮图标，将程序下载到 Arduino Mega2560 控制板。

2）下载完成，在软件调试提示区，观看下载结果，观察 Arduino Mega2560 控制板上 L 指示灯的状态变化。

3）修改延时参数，重新编译下载程序，观察 Arduino Mega2560 控制板上 L 指示灯的状态变化。

任务 4　学习 Arduino 程序语言

🔆 基础知识

一、Arduino 程序语言

1. Arduino 数据类型

（1）常量。常量 constants 是在 Arduino 语言里预定义的变量。它的值在程序运行中不能改变。常量可以是数字，也可以是字符。通常使用 define 语句定义。

```
#define 常量名 常量值
#define true 1
#define false 0
```

常量的应用使程序更易阅读。我们按组将常量分类。

1）逻辑常量。逻辑常量用于逻辑层定义，true 与 false（布尔 Boolean 常量）。

在 Arduino 内有两个常量用来表示真和假：true 和 false。

false 在这两个常量中 false 更容易被定义。false 被定义为 0（零）。true true 通常被定义为 1，这是正确的，但 true 具有更广泛的定义。在布尔含义（Boolean sense）里任何 非零 整数 为 true。所以在布尔含义内-1，2 和-200 都定义为 ture。需要注意的是 true 和 false 常量，不同于 HIGH，LOW，INPUT 和 OUTPUT，需要全部小写。arduino 是大小写敏感语言。

2）电平常量。电平常量用于引脚电压定义，HIGH 和 LOW。

当读取（read）或写入（write）数字引脚时只有两个可能的值：HIGH 和 LOW。

HIGH（参考引脚）的含义取决于引脚（pin）的设置，引脚定义为 INPUT 或 OUTPUT 时含义有所不同。当一个引脚通过 pinMode 被设置为 INPUT，并通过 digitalRead 读取时。如果当前引脚的电压大于等于 3V，微控制器将会返回为 HIGH。引脚也可以通过 pinMode 被设置为 OUTPUT，并通过 digitalWrite 设置为 HIGH。输入引脚的值将被一个内在的 20kΩ 上拉电阻控制在 HIGH 上，除非一个外部电路将其拉低到 LOW。当一个引脚通过 pinMode 被设置为 OUTPUT，并 digitalWrite 设置为 HIGH 时，引脚的电压应在 5V。在这种状态下，它可以输出电流。例如，点亮一个通过一串电阻接地或设置为 LOW 的 OUTPUT 属性引脚的 LED。

LOW 的含义同样取决于引脚设置，引脚定义为 INPUT 或 OUTPUT 时含义有所不同。当一个引脚通过 pinMode 配置为 INPUT，通过 digitalRead 设置为读取时，如果当前引脚的电压小于等于 2V，微控制器将返回为 LOW。当一个引脚通过 pinMode 配置为 OUTPUT，并通过 digitalWrite 设置为 LOW 时，引脚为 0V。在这种状态下，它可以倒灌电流。例如，点亮一个通过串联电阻连接到+5V，或到另一个引脚配置为 OUTPUT、HIGH 的 LED。

3）输入输出常量。输入输出常量用于数字引脚（Digital pins）定义，INPUT 和 OUTPUT。

数字引脚当作 INPUT 或 OUTPUT 都可以。用 pinMode（）方法使一个数字引脚从 INPUT 到 OUTPUT 变化。

Arduino（Atmega2560）引脚通过 pinMode（）配置为输入（INPUT）即是将其配置在一个高阻抗的状态。配置为 INPUT 的引脚可以理解为引脚取样时对电路有极小的需求，即等效于在引脚前串联一个 100MΩ 的电阻。这使得它们非常利于读取传感器，而不是为 LED 供电。

引脚通过 pinMode（）配置为输出（OUTPUT）即是将其配置在一个低阻抗的状态。

这意味着它们可以为电路提供充足的电流。Atmega 引脚可以向其他设备/电路提供（提供正电流 positive current）或倒灌（提供负电流 negative current）达 40mA 的电流。这使得它们利于给 LED 供电，而不是读取传感器。输出（OUTPUT）引脚被短路的接地或 5V 电路上会受到损坏甚至烧毁。Atmega 引脚在为继电器或电动机供电时，由于电流不足，将需要一些外接电路来实现供电。

4）其他常量。其他常量包括数字常量和字符型常量等。例如：

```
#define PI 3.14
#define String1' abc'
```

（2）void。void 只用在函数声明中。它表示该函数将不会被返回任何数据到它被调用的函数中。

（3）变量。变量是在程序运行中其值可以变化的量。定义方法为：

类型 变量名；

例如

```
int val;   //定义一个整型变量 val
```

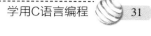

Arduino 常用的变量类型包括 boolean、char、byte、word、int、long、float、string、array 等，各种变量类型详细说明如下。

1）布尔 boolean。一个布尔变量拥有两个值，true 或 false（每个布尔变量占用一个字节的内存）。

2）字符 char。字符 char 类型，占用 1 个字节的内存存储一个字符值。字符都写在单引号，如´A´［多个字符（字符串）使用双引号，如 "ABC"］。

字符以编号的形式存储。你可以在 ASCII 表中看到对应的编码。这意味着字符的 ASCII 值可以用来作数学计算。（例如´A´+ 1，因为大写 A 的 ASCII 值是 65，所以结果为 66）。

char 数据类型是有符号的类型，这意味着它的编码为–128 到 127。对于一个无符号一个字节（8 位）的数据类型，使用 byte 数据类型。

3）无符号字符型 unsigned char。一个无符号数据类型占用 1 个字节的内存。与 byte 的数据类型相同。无符号的 char 数据类型能编码 0 到 255 的数字。

为了保持 Arduino 的编程风格的一致性，byte 数据类型是首选。

4）字节型 byte。一个字节存储 8 位无符号数，从 0 到 255。

5）整型 int。整数是基本数据类型，占用 2 字节。整数的范围为–32，768 到 32，767。

整数类型使用 2 的补码方式存储负数。最高位通常为符号位，表示数的正负。其余位被"取反加 1"

6）无符号整型 unsigned int。unsigned int（无符号整型）与整型数据同样大小，占据 2 字节。它只能用于存储正数而不能存储负数，范围 0~65535。

无符号整型和整型最重要的区别是它们的最高位不同，既符号位。在 Arduino 整型类型中，如果最高位是 1，则此数被认为是负数，剩下的 15 位为按 2 的补码计算所得值。

7）字 word。一个存储一个 16 位无符号数的字符，取值范围为 0~65535，与 unsigned int 相同。

8）长整型 long。长整数型变量是扩展的数字存储变量，它可以存储 32 位（4 字节）大小的变量，从–2147483648 到 2147483647。

9）无符号长整型 unsigned long。无符号长整型变量扩充了变量容量以存储更大的数据，它能存储 32 位（4 字节）数据。与标准长整型不同无符号长整型无法存储负数，其范围为 0~4294967295。

10）单精度浮点型 float。float，浮点型数据，就是有一个小数点的数字。浮点数经常被用来近似的模拟连续值，因为他们比整数更大的精确度。浮点数的取值范围在 3.4028235E+38 ~ –3.4028235E+38。它被存储为 32 位（4 字节）的信息。

float 只有 6~7 位有效数字。这指的是总位数，而不是小数点右边的数字。在 Arduino 上，double 型与 float 型的大小相同。

11）双清度浮点型 double。双精度浮点数。占用 4 个字节。目前的 arduino 上的 double 实现和 float 相同，精度并未提高。

12）字符串 string。文本字符串可以有两种表现形式。你可以使用字符串数据类型（这是 0019 版本的核心部分），或者你可以做一个字符串，由 char 类型的数组和空终止字符（´\0´）构成。而字符串对象将让你拥有更多的功能，同时也消耗更多的内存资源。

13）数组 array。数组是一种可访问的变量的集合。Arduino 的数组是基于 C 语言的，因此这会变得很复杂，但使用简单的数组是比较简单的。

创建(声明)一个数组:数据类型 数组名

```
Char my[];
```

数组是从零开始索引的，也就说，上面所提到的数组初始化，数组第一个元素是为索引 0。

2. 数据类型转换

各函数及其转换作用见表 2-5。

表 2-5　　　　　　　　　　　　　　　　数据类型转换

函数	作用	语法
char（）	将一个变量的类型变为 char	char（x）
byte（）	将一个值转换为字节型数值	byte（x）
int（）	将一个值转换为 int 类型	int（x）
word（）	把一个值转换为 word 数据类型的值，或由两个字节创建一个字符	word（x） word（H，L）
long（）	将一个值转换为长整型数据类型	long（x）
float（）	将一个值转换为 float 型数值	float（x）

3. 变量的作用域

在 Arduino 使用的 C 编程语言的变量，有一个名为 作用域（scope）的属性。在一个程序内的全局变量是可以被所有函数所调用的。局部变量只在声明它们的函数内可见。

在 Arduino 的环境中，任何在函数［如 setup（），loop（）等］外声明的变量，都是全局变量。

4. 静态变量 static

static 关键字用于创建只对某一函数可见的变量。然而，和局部变量不同的是，局部变量在每次调用函数时都会被创建和销毁，静态变量在函数调用后仍然保持着原来的数据。

静态变量只会在函数第一次调用的时候被创建和初始化。

5. 易变变量 volatile

volatile 这个关键字是变量修饰符，常用在变量类型的前面，以告诉编译器和接下来的程序怎么处理这个变量。

声明一个 volatile 变量是编译器的一个指令。编译器是一个将你的 C/C++代码转换成机器码的软件，机器码是 Arduino 上的 Atmega 芯片能识别的真正指令。

具体来说，它指示编译器从 RAM 而非存储寄存器中读取变量，存储寄存器是程序存储和操作变量的一个临时地方。在某些情况下，存储在寄存器中的变量值可能是不准确的。

如果一个变量所在的代码段可能会意外地导致变量值改变，那此变量应声明为 volatile，比如并行多线程等。在 Arduino 中，唯一可能发生这种现象的地方就是和中断有关的代码段，成为中断服务程序。

6. 不可改变变量 const

const 关键字代表常量。它是一个变量限定符，用于修改变量的性质，使其变为只读状态。这意味着该变量，就像任何相同类型的其他变量一样使用，但不能改变其值。如果尝试为一个 const 变量赋值，编译时将会报错。

const 关键字定义的常量，遵守 variable scoping 管辖的其他变量的规则。这一点加上使用 #define 的缺陷，使 const 关键字成为定义常量的一个的首选方法。#define a b 定义的常量只是用后者 b 代替前者 a。

7. Arduino 运算符

（1）算术运算符，包括＝（赋值）、＋（加）、－（减）、＊（乘）、／（除）、%（取模）等。

（2）逻辑运算符，包括逻辑与 &&、逻辑或∣∣、逻辑非！。

（3）位逻辑运算符，包括位与 &、位或∣、位异或^、位非~等。

（4）逻辑比较运算符，包括！＝（不等于）、＝＝（等于）、＜（小于）、＞（大于）、＜＝（小于等于）、＞＝（大于等于）等。

（5）指针运算符，包括取地址 &、取数据 ＊等。

（6）左移、右移运算符，包括左移运算（<<），右移运算（>>）。

（7）复合运算符，由基本运算符与赋值运算符组合构成，如：

Y+=x；相当于 Y＝Y+x；

相类似的有－＝、＊＝、／＝、&＝、∣＝、^=、<<＝、>>=等。

二、Arduino 的基本函数

Arduino 的基本函数见表 2-6。

表 2-6   Arduino 的基本函数

函数	描述
pinMode（）	设置引脚模式 void pinMode（uint8_ t pin，uint8_ t mode） Pin：引脚编号 mode：INPUT，OUTPUT，或 INPUT_ PULLUP
digitalWrite（）	写数字引脚 void digitalWrite（uint8_ t pin，uint8_ t value） 写数字引脚，对应引脚的高低电平。在写引脚之前，需要将引脚设置为 OUTPUT 模式，参数：pin 引脚编号 value HIGH 或 LOW
digitalRead（）	读数字引脚 int digitalRead（uint8_ t pin） 读数字引脚，返回引脚的高低电平。在读引脚之前，需要将引脚设置为 INPUT 模式
analogReference（）	配置参考电压 void analogReference（uint8_ t type） 配置模式引脚的参考电压。函数 analogRead 在读取模拟值之后，将根据参考电压将模拟值转换到［0，1023］区间。有以下类型：DEFAULT：默认 5V。INTERNAL：低功耗模式，AT-mega168 和 ATmega8 对应 1.1~2.56V。EXTERNAL：扩展模式，通过 AREF 引脚获取参考电压
analogRead（）	读模拟引脚 int analogRead（uint8_ t pin） 读模拟引脚，返回［0-1023］之间的值．每读一次需要花 1μs 的时间
analogWrite（）	写模拟引脚 void analogWrite（uint8_ t pin，int value） value 0~255 的值，0 对应 off，255 对应 on 写一个模拟值（PWM）到引脚。可以用来控制 LED 的亮度，或者控制电动机的转速。在执行该操作后，应该等待一定时间后才能对该引脚进行下一次的读或写操作。PWM 的频率大约为 490Hz
shiftOut（）	位移输出函数 void shiftOut（uint8_ t dataPin，uint8_ t clockPin，uint8_ t bitOrder，byte val） 输入 value 数据后 Arduino 会自动把数据移动分配到 8 个并行输出端。其中 dataPin 为连接 DS 的引脚号，clockPin 为连接 SH_ CP 的引脚号，bitOrder 为设置数据位移顺序，分别为高位先入 MSBFIRST 或者低位先入 LSBFIRST

续表

函数	描述
pulseIn（）	读脉冲 unsigned long pulseIn（uint8_ t pin，uint8_ t state，unsigned long timeout） 读引脚的脉冲，脉冲可以是 HIGH 或 LOW。如果是 HIGH，函数将先等引脚变为高电平，然后开始计时，一直到变为低电平为止。返回脉冲持续的时间长短，单位为 μs。如果超时还没有读到的话，将返回 0
millis（）	毫秒时间 unsigned long millis（void） 获取机器运行的时间长度，单位 μs，系统最长的记录时间接近 50 天，如果超出时间将从 0 开始
delay（ms）	延时（ms）void delay（unsigned long ms） 参数为 unsigned long，因此在延时参数超过 32767（int 型最大值）时，需要用"UL"后缀表示为无符号长整型，例如：delay（60000UL）；同样在参数表达式，切表达式中有 int 类型时，需要强制转换为 unsigned long 类型，例如：delay（（unsigned long）tdelay * 100UL）
delayMicroseconds（us）	延时（μs）void delayMicroseconds（unsigned int μs） 延时，单位为 μs（1ms=1000μs）。如果延时的时间有几千微秒，那么建议使用 delay 函数. 目前参数最大支持 16383μs
attachInterrupt（）	设置中断 void attachInterrupt（uint8_ t interruptNum，void（ * ）（void）userFunc，int mode） 指定中断函数。外部中断有 0 和 1 两种，一般对应 2 号和 3 号数字引脚。 interrupt 中断类型，0 或 1 fun：对应函数 mode 触发方式。有以下几种：LOW 低电平触发中断 CHANGE 变化时触发中断 RISING 上升沿触发中断 FALLING 下降沿触发中断
detachInterrupt（）	取消中断 void detachInterrupt（uint8_ t interruptNum） 取消指定类型的中断
interrupts（）	开中断#define interrupts（）sei（）
noInterrupts（）	关中断#define noInterrupts（）cli（）
begin（）	打开串口 void HardwareSerial：begin（long speed） speed 波特率
flush（）	刷新串口数据
available（）	有串口数据返回真 Serial. available（） 获取串口上可读取的数据的字节数。该数据是指已经到达并存储在接收缓存（共有 64 字节）中
read（void）	读串口 Serial. read（）
write（uint8_ t）	写串口 单字节 Serial. write（） Serial. write（val）val：作为单个字节发送的数据 Serial. write（str）str：由一系列字节组成的字符串 Serial. write（buf，len） buf：同一系列字节组成的数组 len：要发送的数组的长度

续表

函数	描　　述
print（）	多字节写 Serial. print（val） 往串口发数据，无换行 描述 以人类可读的 ASCII 码形式向串口发送数据，该函数有多种格式。整数的每一数位将以 ASCII 码形式发送。浮点数同样以 ASCII 码形式发送，默认保留小数点后两位。字节型数据将以单个字符形式发送。字符和字符串会以其相应的形式发送。 Serial. print（val，format） 可选的第二个参数用于指定数据的格式。允许的值为：BIN（binary 二进制），OCT（octal 八进制），DEC（decimal 十进制），HEX（hexadecimal 十六进制）。对于浮点数，该参数指定小数点的位数
println（）	往串口发数据，类似 Serial. print（），但有换行
peak（）	返回收到的串口数据的下一个字节（字符），但是并不把该数据从串口数据缓存中清除。就是说，每次成功调用 peak（）将返回相同的字符。与 read（）一样，peak（）继承自 Stream 实用类。语法：可参照 Serail. read（）
serialEvent（）	当串口有数据到达时调用该函数（然后使用 Serial. read（）捕获该数据）
bitRead（）	读取一个数的位。 语法：bitRead（x，n） 参数 X：想要被读取的数 N：被读取的位，0 是最低有效位（最右边） 该位的返回值（0 或 1）
bitWrite（）	在位上写入数字变量。 语法：bitWrite（x，n，b） 参数 X：要写入的数值变量 N：要写入的数值变量的位，从 0 开始是最低（最右边）的位 B：写入位的数值（0 或 1）

三、Arduino 分支程序结构

1. 条件分支结构

条件分支结构见表2-7。

表 2-7　　　　　　　　　　　　　　　条件分支结构

条件分支	描　　述
if	用于与比较运算符结合使用，测试是否已达到某些条件，如果是，程序将执行特定的动作
if…else	条件满足，执行 if 条件后的语句，条件不满足，执行 else 后的语句，形成双分支结构
if…else if…else…	首先进行 if 判断，满足就执行其后语句，不满足，判断 else if 后的条件是否满足，满足就执行其后语句，所有条件不满足，执行 else 后的语句。 else if 可以多次使用，由此形成多分支条件结构

条件分支	描　述
switch case	switch…case 允许程序员根据不同的条件指定不同的应被执行的代码来控制程序分支。特别地，一个 switch 语句对一个变量的值与 case 语句中指定的值进行比较。当一个 case 语句被发现其值等于该变量的值。就会运行这个 case 语句下的代码。 break 关键字将中止并跳出 switch 语句段，常常用于每个 case 语句的最后面。如果没有 break 语句，switch 语句将继续执行下面的表达式，直到遇到 break，或者是到达 switch 语句的末尾

2．循环结构

循环结构见表2-8。

表 2-8　　　　　　　　　　　　　　循环结构

循环结构	描　述
for 循环	for（i＝0；i<val；i++）｛｝ 由变量控制循环
while 循环	While（a）｛｝ while 循环是先判断，再执行的循环。表达式为真，执行其后的语句，直到圆括号（）中的表达式变为假时才终止执行
do…while 循环	do 循环与 while 循环使用相同方式工作，不同的是条件是在循环的末尾被测试的，所以 do 循环总是至少会运行一次
loop 循环	无条件循环结构

技能训练

一、训练目标

（1）学会书写 Arduino 基本语句。

（2）学会编写 Arduino 语言程序。

二、训练步骤与内容

1．连接实验电路

按照图 2-2 循环灯控制电路连接实验电路。

2．建立一个项目

（1）在 E 盘，新建一个文件夹 B02。

（2）启动 Arduino 软件。

（3）选择"文件"→"New"，新建一个项目命令，自动创建一个新项目。

（4）选择"文件"→"另存为"，打开另存为对话框，选择另存的文件夹 B02，在文件名栏输入"LED2"，单击"保存"按钮，保存 LED2 项目文件。

3．编写程序文件

在 LED2 项目文件编辑区输入下面的 LED 循环灯控制程序，单击工具栏上的"🖫"按钮，保存项目文件。

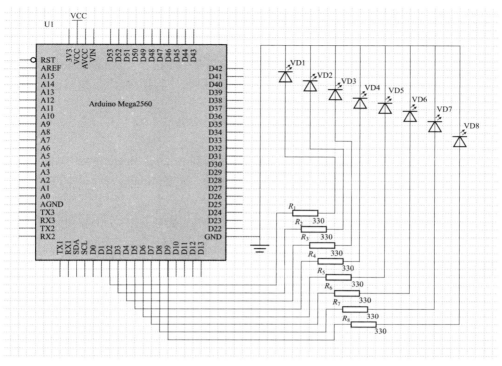

图 2-2 循环灯控制电路

```
int Led0 = 2;
int Led1 = 3;
int Led2 = 4;
int Led3 = 5;
int Led4 = 6;
int Led5 = 7;
int Led6 = 8;
int Led7 = 9;
void setup() {
  unsigned char i;
  for(i = 2; i < 10; i++)
    pinMode(i, OUTPUT);              //循环设置 ledi 为输出
}
void loop() {
  unsignedchar i;
  for(i = 2; i < 10; i++) {
    digitalWrite(i, HIGH);          //点亮 LEDi
    delay(500);
  }                                 //等待 500ms
  for(i = 2; i < 10; i++) {
    digitalWrite(i, LOW);           //熄灭 LEDi
    delay(500);                     //等待 500ms
```

```
    }
  }
```

4. 编译程序

（1）单击"工具"→"板"，在右侧出现的板选项菜单中选择"Arduino Mega2560"。

（2）单击"项目"→"验证/编译"，或单击工具栏的"验证/编译"按钮，Arduino 软件首先验证程序是否有误，若无误，程序自动开始编译程序。

（3）等待编译完成，在软件调试提示区，观看编译结果。

5. 下载调试程序

（1）单击工具栏的下载工具按钮图标，将程序下载到 Arduino Mega2560 控制板。

（2）下载完成，在软件调试提示区，观看下载结果，观察 Arduino Mega2560 控制板连接的指示灯的状态变化。

（3）修改延时参数，重新编译下载程序，观察 Arduino Mega2560 控制板连接的指示灯的状态变化。

习题2

1. 使用 for 循环控制 LED 灯闪烁 6 次，延时 3s 后，进入 loop 循环。下载到 Arduino Mega2560 控制板，观察实验效果。

2. 使用 while 循环控制 LED 灯闪烁 3 次，延时 2s 后，进入 loop 循环。下载到 Arduino Mega2560 控制板，观察实验效果。

3. 将控制 LED2 控制程序的端口改为 Arduino Mega2560 控制板的数字端口 22、23、24、25、26、27、28、29，重新修改程序，下载到 Arduino Mega2560 控制板，观察实验效果。

4. 使用数组和 for 循环控制 LED 灯闪烁 6 次，延时 3s 后，进入 loop 循环。下载到 Arduino Mega2560 控制板，观察实验效果。

数组定义形式：

```
int LED[2,3,4,5,6,7,8,9];
```

循环定义 I/O：

```
for(i=0;i<=7;i++)
    pinMode(LED[i],OUTPUT);
```

输出函数：

```
digitalWrite(LED[i],HIGH);
digitalWrite(LED[i],LOW);
```

学习目标

（1）认识 Arduino 输入/输出口。
（2）学会设计输出控制程序。
（3）学会设计按键输入控制程序。

任务 5　LED 灯输出控制

基础知识

一、Arduino Mega2560 的输入/输出端口

1. 数字 I/O 接口

Arduino Mega2560 有 54 个数字 I/O（输入/输出）接口，其中一些带有特殊功能。

（1）串口信号端。4 路串口信号：串口 0 的 0（RX）和 1（TX）；串口 1 的 19（RX）和 18（TX）；串口 2 的 17（RX）和 16（TX）；串口 3 的 15（RX）和 14（TX）。其中串口 0 与内部 ATmega8U2 USB-to-TTL 芯片相连，提供 TTL 电压水平的串口接收信号。

（2）外部中断。触发中断引脚，可设成上升沿、下降沿或同时触发。6 路外部中断：2（中断 0），3（中断 1），18（中断 5），19（中断 4），20（中断 3），and 21（中断 2）。触发中断引脚，可设成上升沿、下降沿或同时触发。

（3）14 路脉冲宽度调制 PWM（0~13）。提供 14 路 8 位 PWM 输出。

（4）SPI 通信接口。SPI［10（SS），11（MOSI），12（MISO），13（SCK）］。

2. 模拟输入接口

16 路模拟输入：每一路具有 10 位的分辨率（即输入有 1024 个不同值），默认输入信号范围为 0~5V，可以通过 AREF 调整输入上限。除此之外，有些引脚有特定功能。TWI 接口［20（SDA）和 21（SCL）］，支持通信接口（兼容 I2C 总线）。

3. 数字输入输出控制函数

（1）pinMode（）。设置引脚模式函数，原型为 void pinMode（uint8_ t pin, uint8_ t mode）。函数中 pin 设置引脚编号，mode 可设置为输入 INPUT、输出 OUTPUT，或 输入带上拉电阻 INPUT_ PULLUP。

（2）digitalWrite（）。写数字引脚函数，原型为 void digitalWrite（uint8_ t pin, uint8_ t value）。函数中 pin 设置引脚编号，value 可设置为高 HIGH 或低 LOW。

写数字引脚，对应引脚的高低电平．在写引脚之前，需要将引脚设置为 OUTPUT 模式。

（3）digitalRead（）。读数字引脚函数，原型为 int digitalRead（uint8_ t pin）。函数中 pin

设置引脚编号，读数字引脚，返回引脚的高低电平，在读引脚之前，需要将引脚设置为 INPUT 模式。

二、LED 灯闪烁输出控制

1. LED 灯闪烁输出控制流程图
LED 灯闪烁输出控制流程图如图 3-1 所示。
2. LED 灯闪烁输出控制程序

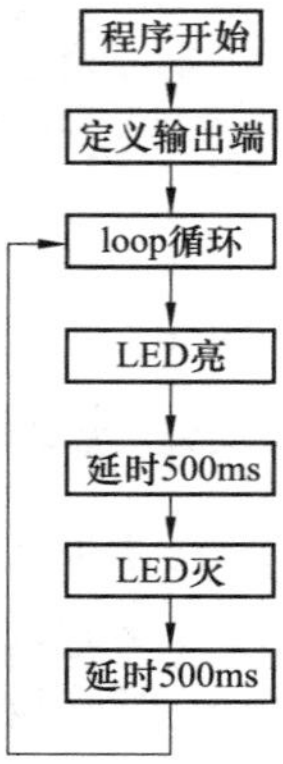

```
//给 13 号引脚设置一个别名"Led"
int Led=13;
void setup(){
    //将 13 号引脚初始化设置为输出
    pinMode(Led,OUTPUT);
}
void loop(){
    digitalWrite(Led,HIGH);          //点亮 LED
    delay(500);                      //等待 500ms
    digitalWrite(Led,LOW);           //熄灭 LED
    delay(500);                      //等待 500ms
}
```

图 3-1 LED 灯闪烁
输出控制流程图

3. 程序分析
使用 int 变量定义给 Arduino Mega2560 控制板的 13 号引脚设置一个别名 "Led"。

在 setup 初始化程序中，使用 pinMode（）函数设置 Arduino Mega2560 控制板的 13 号引脚为输出。

在 loop 循环程序中，首先使用 digitalWrite（）函数设置 13 号引脚输出为高电平，点亮 LED。

通过延时函数 delay（）延时 500ms，即延时 0.5s。

再次使用 digitalWrite（）函数设置 13 号引脚输出为低电平，熄灭 LED。

通过延时函数 delay（）延时 500ms，即延时 0.5s。

在 loop（）中的程序是循环执行的，因此，输出端的在高、低电平间循环变化，循环点亮、熄灭 LED，使 LED 闪烁。

 技能训练

一、训练目标

（1）学会 I/O 的配置方法。
（2）学会 LED 灯的闪烁控制。

二、训练步骤与内容

1. 建立一个工程
（1）在 E 盘 A2560 文件夹，新建一个文件夹 C01。
（2）启动 Arduino 软件。

（3）选择"文件"→"New"，自动创建一个新项目。

（4）选择"文件"→"另存为"，打开另存为对话框，选择另存的文件夹 C01，在文件名栏输入"LED3"，单击"保存"按钮，保存 LED3 项目文件。

2. 编写程序文件

在 LED3 项目文件编辑区输入下面的 LED 循环灯控制程序，单击工具栏"💾"按钮，保存项目文件。

```
//给 13 号引脚设置一个别名"Led"
int Led=13;
void setup(){
    //将 13 号引脚初始化设置为输出
    pinMode(Led,OUTPUT);
}
void loop(){
    digitalWrite(Led,HIGH);          //点亮 LED
    delay(500);                      //等待 500ms
    digitalWrite(Led,LOW);           //熄灭 LED
    delay(500);                      //等待 500ms
}
```

3. 编译程序

（1）单击"工具"→"板"，在右侧出现的板选项菜单中选择"Arduino Mega2560"。

（2）单击"项目"→"验证/编译"，或单击工具栏的"验证/编译"按钮，Arduino 软件首先验证程序是否有误，若无误，程序自动开始编译程序。

（3）等待编译完成，在软件调试提示区，观看编译结果。

4. 下载调试程序

（1）单击工具栏的下载工具按钮图标，将程序下载到 Arduino Mega2560 控制板。

（2）下载完成，在软件调试提示区，观看下载结果，观察 Arduino Mega2560 控制板 L 指示灯的状态变化。

（3）修改延时参数，重新编译下载程序，观察 Arduino Mega2560 控制板 L 指示灯的状态变化。

任务 6　简易交通灯控制

💡 基础知识

一、交通灯控制

1. 交通灯的控制要求

交通灯是用于指挥车辆运行的指示灯。

控制交通灯的示意图如图 3-2 所示。

交通灯实验控制时序如图 3-3 所示。

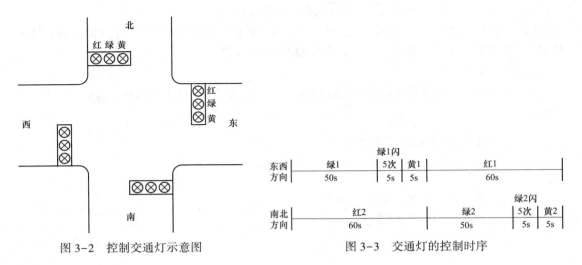

图 3-2 控制交通灯示意图　　　　　图 3-3 交通灯的控制时序

2. 交通灯控制的输出分配

交通灯控制输出分配见表 3-1。

表 3-1 交通灯控制输出分配

南北向控制	输出端	东西向控制	输出端
红灯 1	LED0	红灯 2	LED3
绿灯 1	LED1	绿灯 2	LED4
黄灯 1	LED2	黄灯 2	LED5

3. 交通灯控制流程图

交通信号灯控制系统是一个时间顺序控制系统，可以采用定时器进行编程控制。

交通灯的控制流程图如图 3-4 所示。

二、交通灯控制程序

1. 交通灯控制电路

交通灯控制电路如图 3-5 所示。

2. 程序设计思路

将交通灯控制分成 6 个程序段，每段用一个控制函数表示，在函数内分别设置各个交通灯的状态，在 loop 程序中循环执行各个函数，完成交通灯的控制。

3. 交通灯控制程序清单

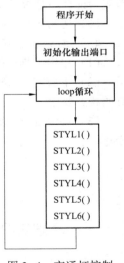

图 3-4 交通灯控制
流程图

```
//为各个输出端起别名
int  Led0 = 0;//Red1
int  Led1 = 1;//Green1
int  Led2 = 2;//Yellow1
int  Led3 = 3;//Red2
int  Led4 = 4;//Green2
```

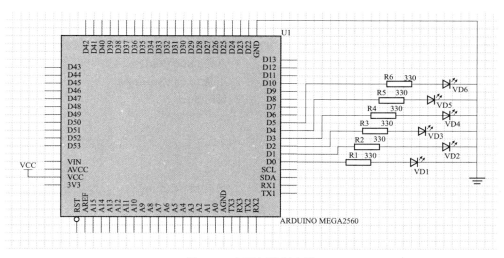

图 3-5　交通灯控制电路

```
int   Led5=5;//Yellow2
void setup(){
  unsigned char i;
  for(i=0;i<6;i++)
    pinMode(i,OUTPUT);              //循环设置 Ledi 为输出
  digitalWrite(i,LOW);              //熄灭 Ledi
}
void Styl1(void){
  digitalWrite(Led5,LOW);           //熄灭 LED5(Yellow2)
  digitalWrite(Led0,LOW);           //熄灭 LED0(Red1)
  digitalWrite(Led1,HIGH);          //点亮 LED1(Green1)
  digitalWrite(Led3,HIGH);          //点亮 LED3(Red2)
  delay(50000);                     //延时 50s
}
void Styl2(void){
  unsigned char i;
  for(i=0;i<6;i++){
    digitalWrite(Led1,LOW);         //熄灭 LED1(Green1)
    delay(500);                     //等待 500ms
    digitalWrite(Led1,HIGH);        //点亮 LED1(Green1)
    delay(500);                     //等待 500ms
  }
}
void Styl3(void){
  digitalWrite(Led1,LOW);           //熄灭 LED1(Green1)
  digitalWrite(Led2,HIGH);          //点亮 LED2(Yellow1)
  delay(5000);                      //延时 5s
}
```

```
void Styl4(void){
    digitalWrite(Led2,LOW);          //熄灭 LED2(Yellow1)
    digitalWrite(Led3,LOW);          //熄灭 LED3(Red2)
    digitalWrite(Led0,HIGH);         //点亮 LED0(Red1)
    digitalWrite(Led4,HIGH);         //点亮 LED4(Green2)
    delay(50000);                    //延时 50s
}
void Styl5(void){
    unsigned char j;
    for(j=0;j<6;j++){
        digitalWrite(Led4,LOW);      //熄灭 LED4(Green2)
        delay(500);                  //等待 500ms
        digitalWrite(Led4,HIGH);     //点亮 LED4(Green2)
        delay(500);                  //等待 500ms
    }
}
void Styl6(void){
    digitalWrite(Led4,LOW);          //熄灭 LED4(Green2)
    digitalWrite(Led5,HIGH);         //点亮 LED5(Yellow2)
    delay(5000);                     //延时 5s
}
void loop(){
    Styl1();
    Styl2();
    Styl3();
    Styl4();
    Styl5();
    Styl6();
}
```

技能训练

一、训练目标

（1）学会分析控制任务。
（2）学会交通灯控制。

二、训练步骤与内容

1. 建立一个工程
（1）在 E 盘 A2560 文件夹，新建一个文件夹 C02。
（2）启动 Arduino 软件。
（3）选择"文件"→"New"，自动创建一个新项目。
（4）选择"文件"→"另存为"，打开另存为对话框，选择另存的文件夹 C02，在文件名栏输入"jiaotongdeng"，单击"保存"按钮，保存 jiaotongdeng 项目文件。

2．编写程序文件

在 jiaotongdeng 项目文件编辑区输入交通灯控制程序，单击工具栏上的""按钮，保存项目文件。

3．编译程序

（1）单击"工具"→"板"，在右侧出现的板选项菜单中选择"Arduino Mega2560"。

（2）单击"项目"→"验证/编译"，或单击工具栏的"验证/编译"按钮，Arduino 软件首先验证程序是否有误，若无误，程序自动开始编译程序。

（3）等待编译完成，在软件调试提示区，观看编译结果。

4．下载调试程序

（1）单击工具栏的下载工具按钮图标，将程序下载到 Arduino Mega2560 控制板。

（2）下载完成，在软件调试提示区，观看下载结果，观察 Arduino Mega2560 控制板连接的交通灯的状态变化。

（3）修改交通灯时序，修改延时参数，重新编译下载程序，观察 Arduino Mega2560 控制板连接的交通灯的状态变化。

任务7 控制数码管显示

 基础知识

一、LED 数码管硬件基础知识

1．LED 数码管工作原理

LED 数码管是一种半导体发光器件，也称半导体数码管，是将若干发光二极管按一定图形排列并封装在一起的最常用的数码管显示器件之一。LED 数码管具有发光显示清晰、响应速度快、省电、体积小、寿命长、耐冲击、易于各种驱动电路连接等优点，在各种数显仪器仪表、数字控制设备中得到广泛应用。

数码管按段数分为 7 段数码管和 8 段数码管，8 段数码管比 7 段数码管多了一个发光二极管单元（多一个小数点显示），按能显示多少个"8"可分为 1 位、2 位、3 位、4 位等。按接线方式，分为共阳极数码管和共阴极数码管。共阳极数码管是指将 LED 数码管应用时将公共极 COM 接到+5V，当某一字段发光二极管的阴极为低电平时，相应的字段就点亮。当某一字段的阴极为高电平时，相应字段就不亮。共阴极数码是指所有二极管的阴极接到一起，形成共阴极（COM）的数码管，共阴极数码管的 COM 接到地线 GND 上，当某一字段发光二极管的阳极为高电平时，相应的字段就点亮，当某一字段的阳极为低电平时，相应字段就不亮。

2．LED 数码管的结构特点

目前，常用的小型 LED 数码管多为 8 字形数码管，内部由 8 个发光二极管组成，其中 7 个发光二极管（a～g）作为 7 段笔画组成 8 字结构（故也称 7 段 LED 数码管），剩下的 1 个发光二极管（h 或 dp）组成小数点，如图 3-6 所示。发光二极管按照共阴极或共阳极的方法连接，即把所有发光二极管的负极或正极连接在一起，作为公共引脚。而每个发光二极管对应的正极或者负极分别作为独立引脚（称"笔段电极"），其引脚名称分别与图 3-6 中的发光二极管相对应。

　　一个质量保证的 LED 数码管，其外观应该是做工精细、发光颜色均匀、无局部变色及无漏光等。对于不清楚性能好坏、产品型号及引脚排列的数码管，可采用下面介绍的简便方法进行检测。

　　（1）干电池检测法。数码管检测电路如图 3-7 所示，将两个干电池串联起来，组成 3V 的检测电源，再串联一个 200Ω、1/8 W 的限流电阻，以防止过电流烧坏被测数码管。将 3V 干电池的负极引线接在被测共阴极数码管的公共阴极上，正极引线依次移动接触各笔段电极。当正极引线接触到某一笔段电极时，对应的笔段会发光显示。用这种方法就可以快速测出数码管是否有断笔或连笔，并且可相对比较出不同笔段的发光强弱是否一致。若检测共阳极数码管，只须将电池的正、负极引线对调一下即可。

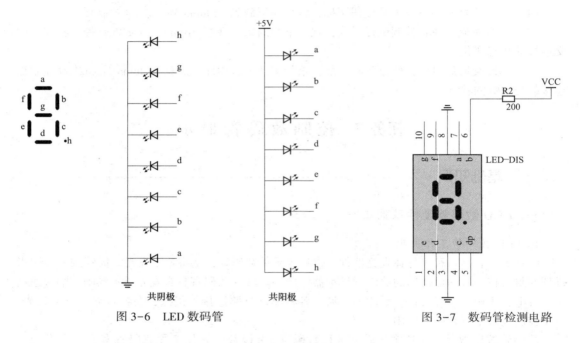

图 3-6　LED 数码管　　　　　　　　　　　　　　图 3-7　数码管检测电路

　　（2）万用表检测法。使用指针式万用表的二极管挡或者使用 $R \times 10k$ 电阻挡，检测方法同干电池检测法，使用指针万用表时，指针万用表的黑表笔连接内电源的正极，红表笔连接的是万用表内电池的负极，检测共阴极的数码管时，红表笔连接数码管的公共阴极，黑表笔依次移动接触各笔段电极。当黑表笔接触到某一笔段电极时，对应的笔段就发光显示。用这种方法就可以快速测出数码管是否有断笔或连笔，并且可相对比较出不同的笔段发光强弱是否一致。若检测共阳极数码管，只须将黑表笔、红表笔对调一下即可。

　　使用数字万用表的二极管检测挡，红表笔连接的是数字万用表的内电池正极，黑表笔连接的是数字万用表的内电池负极，检测共阴极数码管时，数字万用表的黑表笔连接数码管的公共阴极，红表笔依次移动接触各笔段电极。当红表笔接触到某一笔段电极时，对应的笔段就发光显示。用这种方法就可以快速测出数码管是否有断笔或连笔，并且可相对比较出不同的笔段发光强弱是否一致。若检测共阳极数码管，只须将黑表笔、红表笔对调一下即可。

　　3．拉电流与灌电流

　　拉电流和灌电流是衡量电路输出驱动能力的参数，这种说法一般用在数字电路中。特别注意，拉、灌都是对输出端而言的，所以是驱动能力。这里首先要说明，芯片手册中的拉、灌电流是一个参数值，是芯片在实际电路中允许输出端拉、灌电流的上限值（所允许的最大值）。而下面要讲的这个概念是电路中的实际值。

由于数字电路的输出只有高、低（0、1）两种电平值，高电平输出时，一般是输出端对负载提供电流，其提供电流的数值叫"拉电流"；低电平输出时，一般是输出端要吸收负载的电流，其吸收电流的数值叫"灌（入）电流"。

对于输入电流的器件而言，灌入电流和吸收电流都是输入的，灌入电流是被动的，吸收电流是主动的。如果外部电流通过芯片引脚向芯片内流入称为灌电流（被灌入），反之如果内部电流通过芯片引脚从芯片内流出称为拉电流（被拉出）。

4. 上拉电阻与下拉电阻

上拉电阻就是把不确定的信号通过一个电阻嵌位在高电平，此电阻还起到限流器件的作用。同理，下拉电阻是把不确定的信号嵌位在低电平上。

上拉就是将不确定的信号通过一个电阻嵌位在高电平，以此来给芯片引脚一个确定的电平，以免使芯片引脚悬空发生逻辑错乱。上拉可以加大输出引脚的驱动能力。

下拉就是将不确定的信号通过一个电阻嵌位在低电平，以此来给芯片引脚一个确定的电平，以免使芯片引脚悬空发生逻辑错乱。

上拉电阻与下拉电阻的应用如下。

（1）当 TTL 电路驱动 CMOS 电路时，如果 TTL 电路输出的高电平低于 CMOS 电路最低电平，这时就需要在 TTL 的输出端接上拉电阻，以提高输出高电平的值。

（2）OC 门电路必须加上拉电阻，以提高输出的高电平值。

（3）为加大输出引脚的驱动能力，有的单片机引脚上也常使用上拉电阻。

（4）在 CMOS 芯片上，为了防止静电造成损坏，不用的引脚不能悬空，一般接上拉电阻以降低输入阻抗，提供泄荷通路。

（5）芯片的引脚加上拉电阻来提高输出电平，从而提高芯片输入信号的噪声容限，以提高增强干扰能力。

（6）提高总线的抗电磁干扰能力，引脚悬空就比较容易接受外界的电磁干扰。

（7）长线传输中电阻不匹配容易引起反射波干扰，加下拉电阻是为了电阻匹配，从而有效抑制反射波干扰。

二、用 Arduino 控制 LED 数码管

1. 单只 LED 数码管控制

（1）LED 数码管控制电路（见图 3-8）。

（2）控制程序。

1）直接驱动数码管显示程序。

```
//定义数码管驱动端口
int a=4;
int b=5;
int c=6;
int d=7;
int e=8;
int f=9;
int g=10;
```

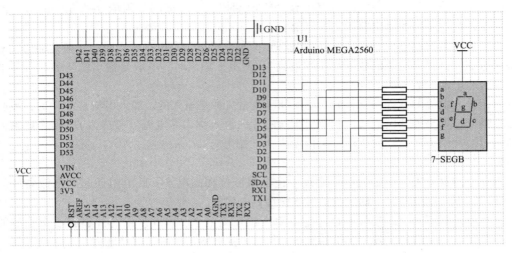

图 3-8　LED 数码管控制电路

```
//数码管驱动端口初始化为输出
void setup(){
  int i;
  for(i=4;i<11;i++)
  {
    pinMode(i,OUTPUT);
  }
}
//主循环函数
void loop(){
  int j;
  clearLed();                //关闭数码管
  for(j=0;j<10;j++)          //for 循环
  { disPlay(j);              //显示数字
    delay(500);              //延时 500ms
  }
delay(2000);                 //延时 2s
}
//关闭数码管函数
void clearLed(){
  digitalWrite(a,HIGH);      //a 段高电平,熄灭数码管 a 段
  digitalWrite(b,HIGH);      //b 段高电平,熄灭数码管 b 段
  digitalWrite(c,HIGH);      //c 段高电平,熄灭数码管 c 段
  digitalWrite(d,HIGH);      //d 段高电平,熄灭数码管 d 段
  digitalWrite(e,HIGH);      //e 段高电平,熄灭数码管 e 段
  digitalWrite(f,HIGH);      //f 段高电平,熄灭数码管 f 段
  digitalWrite(g,HIGH);      //g 段高电平,熄灭数码管 g 段
}
//显示数字函数
```

```
void disPlay(int x){
switch(x){
//显示数字 0
case 0:
default:
  digitalWrite(a,LOW);
  digitalWrite(b,LOW);
  digitalWrite(c,LOW);
  digitalWrite(d,LOW);
  digitalWrite(e,LOW);
  digitalWrite(f,LOW);
  digitalWrite(g,HIGH);
  break;
//显示数字 1
case 1:
  digitalWrite(a,HIGH);
  digitalWrite(b,LOW);
  digitalWrite(c,LOW);
  digitalWrite(d,HIGH);
  digitalWrite(e,HIGH);
  digitalWrite(f,HIGH);
  digitalWrite(g,HIGH);
  break;
//显示数字 2
case 2:
  digitalWrite(a,LOW);
  digitalWrite(b,LOW);
  digitalWrite(c,HIGH);
  digitalWrite(d,LOW);
  digitalWrite(e,LOW);
  digitalWrite(f,HIGH);
  digitalWrite(g,LOW);
  break;
//显示数字 3
case 3:
  digitalWrite(a,LOW);
  digitalWrite(b,LOW);
  digitalWrite(c,LOW);
  digitalWrite(d,LOW);
  digitalWrite(e,HIGH);
  digitalWrite(f,HIGH);
  digitalWrite(g,LOW);
  break;
//显示数字 4
```

```
case 4:
  digitalWrite(a,HIGH);
  digitalWrite(b,LOW);
  digitalWrite(c,LOW);
  digitalWrite(d,HIGH);
  digitalWrite(e,HIGH);
  digitalWrite(f,LOW);
  digitalWrite(g,LOW);
  break;
//显示数字5
case 5:
  digitalWrite(a,LOW);
  digitalWrite(b,HIGH);
  digitalWrite(c,LOW);
  digitalWrite(d,LOW);
  digitalWrite(e,HIGH);
  digitalWrite(f,LOW);
  digitalWrite(g,LOW);
  break;
//显示数字6
case 6:
  digitalWrite(a,LOW);
  digitalWrite(b,HIGH);
  digitalWrite(c,LOW);
  digitalWrite(d,LOW);
  digitalWrite(e,LOW);
  digitalWrite(f,LOW);
  digitalWrite(g,LOW);
  break;
//显示数字7
case 7:
  digitalWrite(a,LOW);
  digitalWrite(b,LOW);
  digitalWrite(c,LOW);
  digitalWrite(d,HIGH);
  digitalWrite(e,HIGH);
  digitalWrite(f,HIGH);
  digitalWrite(g,HIGH);
  break;
//显示数字8
case 8:
  digitalWrite(a,LOW);
  digitalWrite(b,LOW);
  digitalWrite(c,LOW);
```

```
    digitalWrite(d,LOW);
    digitalWrite(e,LOW);
    digitalWrite(f,LOW);
    digitalWrite(g,LOW);
    break;
//显示数字 9
case 9:
    digitalWrite(a,LOW);
    digitalWrite(b,LOW);
    digitalWrite(c,LOW);
    digitalWrite(d,LOW);
    digitalWrite(e,HIGH);
    digitalWrite(f,LOW);
    digitalWrite(g,LOW);
    break;
    }
}
```

2) 利用数组驱动数码管显示程序。

```
/*1 个共阳数码管,显示 0-9 数字*/
int ledCount=7;
//定义段码,共阴段码数组,如果是共阳只需要在程序中把读到的值按位取反即可
const unsigned char NumDuanMa [10] = {0x3f,0x06,0x5b,0x4f,0x66,0x6d,0x7d,
0x07,0x7f,0x6f};
int ledPins[]={ 4,5,6,7,8,9,10,11 };                //对应的 led 引脚
void setup(){
    //循环设置,把对应的 led 都设置成输出
    for(int i=0;i <8;i++){
        pinMode(ledPins[i],OUTPUT);
    }
}
//数据处理,把需要处理的 byte 数据写到对应的引脚端口。
void writebyte(unsigned char value){
    for(int j=0;j <8;j++)
        digitalWrite(ledPins[j],! bitRead(value,j));  //使用了 bit bitRead 函数,
                                                        非常简单
}
//主循环
void loop(){
    //循环显示 9-0 数字
    for(int i=9;i > 0;i--){
        writebyte(NumDuanMa[i]);                      //读取对应的段码值
        delay(500);                                    //调节延时,2 个数字之间的
                                                        停留间隔
```

```
   }
   delay(2000);
   }
```

2. 四只数码管的动态显示

（1）数码管3641AS（见图3-9）。LED数码管3641AS的字位数是4位，屏幕尺寸为0.36英寸，发光颜色可选红色、黄色、黄绿色、橙色、蓝色、翠绿色、白色，8字高度为0.8英寸，外形尺寸为35.80mm×25.80mm×10.00mm，公共脚为12、9、8、6，其他引脚8只，极性为共阴极，表面颜色为黑面板/灰面板，字体颜色可选红色、绿色、蓝色、白色、橙色。

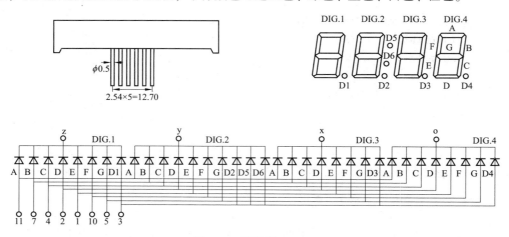

图3-9　数码管3641AS

（2）数码管3641AS驱动。使用Arduino驱动一块共阴四位数码管。驱动数码管限流电阻是必不可少的，限流电阻有两种接法，一种是在d1~d4阳极接，总共接4颗。这种接法好处是需求电阻比较少，但是会产生每一位上显示不同数字亮度会不一样，1最亮，8最暗。另外一种接法就是在其他8个引脚上接，这种接法亮度显示均匀，但是用电阻较多。我们使用8只220Ω电阻，驱动LED数码管3641AS，使其亮度均匀显示。

（3）Arduino驱动数码管3641AS电路（见图3-10）。

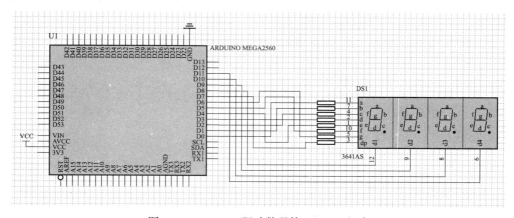

图3-10　Arduino驱动数码管3641AS电路

（4）数码管3641AS动态驱动程序。

```
//设置段码阳极接口
int a=0;
int b=1;
int c=2;
int d=3;
int e=4;
int f=5;
int g=6;
int p=7;
//设置位码阴极接口
int d1=8;
int d2=9;
int d3=10;
int d4=11;
//设置变量
int x=0;
//定义段码,共阴段码数组,如果是共阳只需要在程序中把读到的值按位取反即可
const unsigned char NumDuanMa[10]={
  0x3f,0x06,0x5b,0x4f,0x66,0x6d,0x7d,0x07,0x7f,0x6f};
//数据处理,把需要处理的byte数据写到对应的引脚端口。
void writebyte(unsigned char value){
  for(int j=0;j<8;j++)
    digitalWrite(j,bitRead(value,j));         //使用了bitRead函数,非常简单
}
//开启显示数码引脚函数Digit(x),其作用是开启dx端口
void Digit(int n)
{
  digitalWrite(d1,HIGH);
  digitalWrite(d2,HIGH);
  digitalWrite(d3,HIGH);
  digitalWrite(d4,HIGH);
  switch(n)
  {
  case 1:
    digitalWrite(d1,LOW);                      //开启d1
    break;
  case 2:
    digitalWrite(d2,LOW);                      //开启d2
    break;
  case 3:
    digitalWrite(d3,LOW);                      //开启d3
    break;
  default:
    digitalWrite(d4,LOW);                      //开启d4
```

```
      break;
    }
}
//关闭数码段码显示
void clearLed(){
for(int k=0;k<8;k++)
digitalWrite(k,Low);
}
//初始化设置函数 setup(),把对应的都设置成输出
void setup(){
  for(int i=0;i <12;i++){
    pinMode(i,OUTPUT);
  }
}
//主循环函数 loop()
void loop()
{
  while(1){
    x++;
    if(x>200)
  {
    x=0;
  }
  clearLed();
  Digit(1);
  writebyte(NumDuanMa[(x/1000)% 10]);
  delay(2);
  clearLed();
  Digit(2);
  writebyte(NumDuanMa[(x/100)% 10]);
  delay(2);
  clearLed();
  Digit(3);
  writebyte(NumDuanMa[(x/10)% 10]);
  delay(2);
  clearLed();
  Digit(4);
  writebyte(NumDuanMa[x% 10]);
delay(10);
  }
  }
```

首先应用 Int 定义 arduino Mega2560 控制板的所使用的 I/O 端，设置阳极段码输出端，设置阴极位码输出端，设置变量 x，设置共阴极数码管显示输出段码数组 NumDuanMa [ ]。

设计数据处理函数 writebyte ( )，把需要处理的 byte 数据写到对应的引脚端口。

设计开启显示数码引脚函数 Digit（x），将相应位的阴极引脚设置输出低电平，开启相应数码管，使其显示数字。

设计关闭数码段码显示函数 clearLed（），使相应的数码管段码为低电平，关闭数码管段码显示。

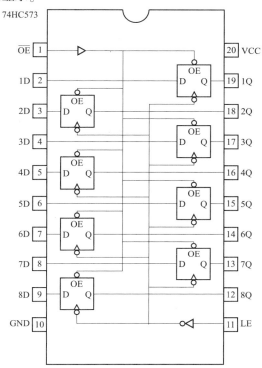

图 3-11　74HC573 内部电路结构

设计初始化设置函数 setup（），把对应的都设置成输出。

设计主循环函数 loop（），循环显示数字 0~199。

3. 控制 8 只数码管显示

（1）集成电路 74HC573。74HC573 是拥有 8 路输出的透明锁存器，输出为三态门，是一种高性能硅栅 CMOS 器件。74HC573 内部电路结构如图 3-11 所示。

SL74HC573 跟 LS/AL573 的管脚一样。器件的输入是和标准 CMOS 输出兼容的，加上拉电阻他们能和 LS 的 TTL 输出兼容。

当输出控制端 OE 为高电平时，三态门关闭，输出为高阻态，输入输出隔离断开。

当输出控制端 OE 为低电平时，三态门开启，且锁存端为高电平，输出与输入保持一致。

当锁存控制端为低电平时，且输出控制端 OE 为低电平时，输出数据被锁存。

（2）74HC573 控制 8 只数码管电路（见图 3-12）。

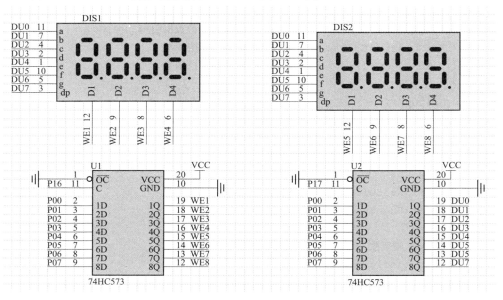

图 3-12　74HC573 控制 8 只数码管电路

集成电路 U1 用于位选，选择哪只数码管显示，由于使用的是共阴极数码管，所以当位选信号 WE1~WE8 为某一个低电平时，与其连接的数码管被点亮显示。

集成电路 U2 用于段码输出控制，控制所有数码管的各个字段，DU0~DU7 分别控制数码管的 a~g 和小数点位 dp 的字段。

74HC573 与 Arduino Mega2560 控制板的连接如图 3-13 所示。

Arduino Mega2560 控制板的引脚 2~引脚 9 连接 U1、U2 的 D0~D7 输入端，用于控制段码。

Arduino Mega2560 控制板的引脚 10 用与控制位选信号 WEI，Arduino Mega2560 控制板的引脚 11 用于控制段选信号 DUAN。

（3）位控函数。

1）位输出函数 bitWrite（x，i，b）。位输出函数用于写入变量 x 第 i 位的值，x 为要写入的变量，i 要写入的位，取值从 0 开始，至变量最高位对应的数值。参数 b 取值 0 或 1。

2）位读出函数 bitRead（x，i）。位读出函数用于读取变量 x 第 i 位的值，x 为要读取的变量，i 要读取的位，取值从 0 开始，至变量最高位对应的数值。

3）位置 1 函数 bitSet（x，i）。位置 1 函数用于置第 i 位为 1。x 为要写入的变量，i 要写入的位，取值从 0 开始，至变量最高位对应的数值。

4）位清零函数 bitClear（x，i）。位清零函数用于置第 i 位为 0。x 为要清零的变量，i 要写入的位，取值从 0 开始，至变量最高位对应的数值。

（4）控制 8 只数码管的显示程序。

```
int ledCount=8;                    //定义数码管的显示数量
//定义段码数组
const unsigned char DuanMa[10]={0x3f,0x06,0x5b,0x4f,0x66,0x6d,0x7d,0x07,
0x7f,0x6f};
//定义位码数组
unsigned char const WeiMa[]={0xfe,0xfd,0xfb,0xf7,0xef,0xdf,0xbf,0x7f};
int ledPins[]={
  2,3,4,5,6,7,8,9 };                //对应的 8 位数据引脚 D0~D7
int WeiSelect=10;                   //位码锁存控制端
int DuanSelect=11;                  //段码锁存控制端
//初始化函数
void setup(){
//循环设置,把对应的端口都设置成输出
  for(int i=0;i<ledCount;i++){
    pinMode(ledPins[i],OUTPUT);
    }
  pinMode(WeiSelect,OUTPUT);
  pinMode(DuanSelect,OUTPUT);
}
//数据处理,把需要处理的 byte 数据写到对应的引脚端口。
void show(unsigned char value){
for(int i=0;i<8;i++)
  digitalWrite(ledPins[i],bitRead(value,i));    //使用了 bitRead 函数,使位控
                                              输出非常简单
```

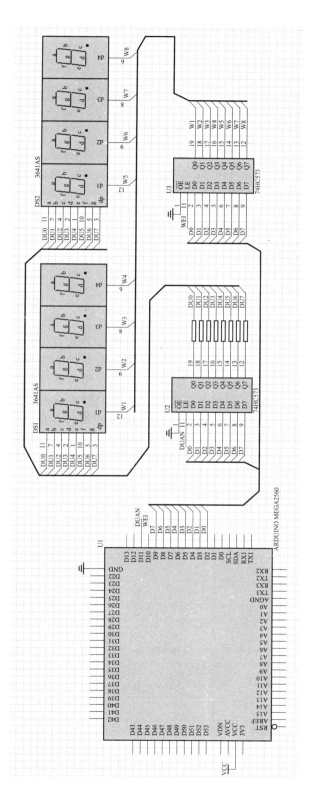

图 3-13 74HC573 与 Arduino Mega2560 控制板的连接

```
    }
//主循环
void loop(){
    //循环显示 0-7 数字
    for(int i=0;i<8;i++){
        show(0);                            //清空段码,不显示,不然会造成"鬼影"
        digitalWrite(DuanSelect,HIGH);
        digitalWrite(DuanSelect,LOW);
        show(WeiMa[i]);                     //读取对应的位码值
        digitalWrite(WeiSelect,HIGH);
        digitalWrite(WeiSelect,LOW);
        show(DuanMa[i]);                    //读取对应的段码值
        digitalWrite(DuanSelect,HIGH);
        digitalWrite(DuanSelect,LOW);
        delay(2);                           //调节延时,2 个数字之间的停留间隔
    }
}
```

4. 74HC595 控制 8 只数码管显示

（1）集成电路 74HC595。74HC595 是硅结构的 COMS 器件，兼容低电压 TTL 电路，遵守 JEDEC 标准。74HC595 是具有 8 位移位寄存器和 1 个存储器，三态输出功能。移位寄存器和存储寄存器的时钟是分开的。数据在 SHCP（移位寄存器时钟输入）的上升沿输入到移位寄存器中，在 STCP（存储器时钟输入）的上升沿输入到存储寄存器中去。如果两个时钟连在一起，则移位寄存器总是比存储器早 1 个脉冲。移位寄存器有 1 个串行移位输入端（DS），和 1 个串行输出端（SQ_H），还有 1 个异步低电平复位，存储寄存器有一个并行 8 位且具备三态的总线输出，当使能 OE 时（为低电平），存储寄存器的数据输出到总线。

1）74HC595 引脚说明见表 3-2。

表 3-2　　　　　　　　　　　　74HC595 引脚说明

引脚号	符号（名称）	端口描述
15、1~7	Qa~Qh	8 位并行数据输出口
8	GND	电源地
16	VCC	电源正极
9	SQ_H	串行数据输出
10	MR	主复位（低电平有效）
11	SHCP	移位寄存器时钟输入
12	STCP	存储寄存器时钟输入
13	OE	输出使能端（低电平有效）
14	SER	串行数据输入

2）74HC595 真值表见表 3-3。

表 3-3   74HC595 真值表

STCP	SHCP	MR	OE	功能描述
*	*	*	H	QA~QH 输出为三态
*	*	L	L	清空移位寄存器
*	↑	H	L	移位寄存器锁定数据
↑	*	H	L	存储寄存器并行输出

3）74HC595 内部功能图如图 3-14 所示。

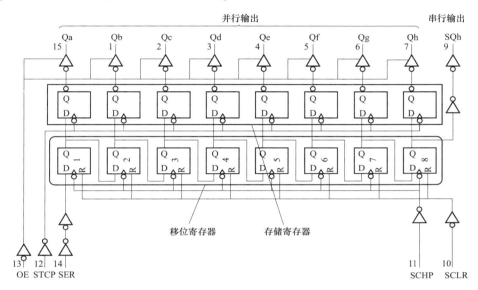

图 3-14 74HC595 内部结构图

4）74HC595 操作时序图（见图 3-15）。结合 74HC595 内部结构，首先数据的高位从 SER（14 脚）管脚进入，伴随的是 SHCP（11 脚）一个上升沿，这样数据就移入到了移位寄存器，接着送数据第 2 位，请注意，此时数据的高位也受到上升沿的冲击，从第 1 个移位寄存器的 Q 端到达了第 2 个移位寄存器的 D 端，而数据第 2 位就被锁存在了第一个移位寄存器中，依次类推，8 位数据就锁存在了 8 个移位寄存器中。

由于 8 个移位寄存器的输出端分别和后面的 8 个存储寄存器相连，因此这时的 8 位数据也会在后面 8 个存储器上，接着在 STCP（12 脚）上出现一个上升沿，这样，存储寄存器的 8 位数据就一次性并行输出了。从而达到了串行输入，并行输出的效果。

先分析 SHCP，它的作用是产生时钟，在时钟的上升沿将数据一位一位的移进移位寄存器。可以用这样的程序来产生 SHCP = 0 和 SHCP = 1，这样循环 8 次，就是 8 个上升沿和 8 个下降沿；接着看 SER，它是串行数据，由上可知，时钟的上升沿有效，那么串行数据为：0b0100 1011，就是 a~h 虚线所对应的 SER 此处的值；之后就是 STCP 了，它是 8 位数据并行输出脉冲，也是上升沿有效，因而在它的上升沿之前，Qa~Qh 的值是多少并不确定，所以就画成了一个高低不确定的值。

STCP 的上升沿产生之后，从 SER 输入的 8 位数据会并行输出到 8 条总线上，但这里一定要注意对应关系，Qh 对应串行数据的最高位，依次数据为 "0"，之后依次对应关系为 Qg（数值 "1"）…Qa（数值 "1"）。再来对比时序图中的 Qh…Qa，数值为：0b0100 1011，这个数

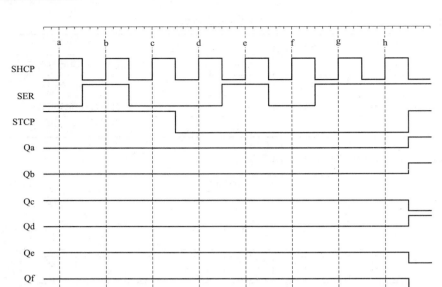

图 3-15　74HC595 操作时序图

值刚好是串行输入的数据。

　　当然还可以利用此芯片来级联，就是一片接一片，这样 3 个 I/O 口就可以扩展 24 个 I/O 口，此芯片的移位频率由数据手册可知是 30MHz，因而还是可以满足一般的设计需求。

　　（2）74HC595 控制电路（见图 3-16）。

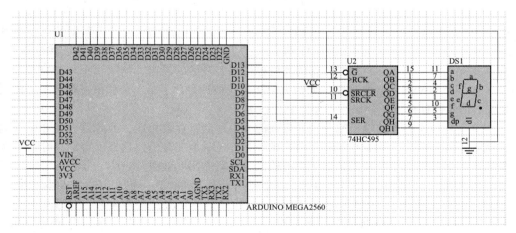

图 3-16　74HC595 控制电路

　　（3）控制程序。

　　1）位移输出函数 shiftOut（）。位移输出函数 shiftOut（）的功能是将一个数据的一个字节一位一位的移出。

　　语法：shiftOut(dataPin,clockPin,bitOrder,value)

参数：

dataPin:输出每一位数据的引脚(int)
clockPin:时钟脚,当 dataPin 有值时此引脚电平变化(int)
bitOrder:输出位的顺序,MSBFISRT 最高位优先或 LSBFISRT 最低位优先。
value:要移位输出的数据(byte)
返回值:无

2）74HC595 控制程序。

```
int latchPin=11;
int clockPin=12;
int dataPin=10;
//定义段码数组
const unsigned char DuanMa[10]={
  0x3f,0x06,0x5b,0x4f,0x66,0x6d,0x7d,0x07,0x7f,0x6f};
//初始化程序
void setup(){
  pinMode(latch,OUTPUT);
  pinMode(dataPin,OUTPUT);
  pinMode(clockPin,OUTPUT);
}
//主循环程序
void loop(){
//循环显示 0~9 十个数字
  for(int n=0;n<10;n++){
    digitalWrite(latch,HIGH);
    digitalWrite(latch,LOW);
    shiftOut(dataPin,clockPin,MSBFIRST,DuanMa[n]);
    digitalWrite(latch,HIGH);
    digitalWrite(latch,LOW);
    delay(500);
  }
}
```

⚙ 技能训练

一、训练目标

（1）了解数码管的结构。
（2）学会数码管控制。

二、训练步骤与内容

1. 建立一个工程

（1）在 E 盘 A2560 文件夹，新建一个文件夹 C03。

（2）启动 Arduino 软件。

（3）选择"文件"→"New"，自动创建一个新项目。

（4）选择"文件"→"另存为"命令，打开另存为对话框，选择另存的文件夹 C03，打开文件夹 C03，在文件名栏输入"Seg1"，单击"保存"按钮，保存 Seg1 项目文件。

2. 编写程序文件

在 Seg1 项目文件编辑区输入"直接驱动 LED 数码管显示"程序，单击工具栏上的"💾"按钮，保存项目文件。

3. 编译程序

（1）单击"工具"→"板"，在右侧出现的板选项菜单中选择"Arduino Mega2560"。

（2）单击"项目"→"验证/编译"，或单击工具栏的"验证/编译"按钮，Arduino 软件首先验证程序是否有误，若无误，程序自动开始编译程序。

（3）等待编译完成，在软件调试提示区，观看编译结果。

4. 调试

（1）按图 3-8 连接实训电路。

（2）下载调试程序。

1）单击工具栏的下载按钮图标，将程序下载到 Arduino Mega2560 控制板。

2）下载完成，在软件调试提示区，观看下载结果，观察 Arduino Mega2560 控制板连接的数码管的状态变化。

3）修改数码管延时参数，重新编译下载程序，观察 Arduino Mega2560 控制板连接的数码管的状态变化。

5. 利用数组驱动数码管显示

（1）新建一个文件 Seg2，输入"利用数组驱动数码管显示"程序。

（2）下载调试程序，观察实训结果。

6. 数码管 3641AS 动态驱动

（1）按图 3-10 Arduino Mega2560 驱动数码管 3641AS 电路连接实训电路。

（2）新建一个文件 Seg4，输入数码管 3641AS 动态驱动程序，下载调试程序，观察实训结果。

7. 74HC573 控制 8 只数码管

（1）按图 3-13 74HC573 驱动数码管 3641AS 电路连接实训电路。

（2）新建一个文件 Seg5，输入 74HC573 控制 8 只数码管程序，下载调试程序，观察实训结果。

任务 8 按 键 控 制

 基础知识

一、独立按键控制

键盘按是否编码分为编码键盘和非编码键盘。键盘上闭合键的识别由专用的硬件编码实现，并产生键编码号或键值的称为编码键盘，如计算机键盘。靠软件编程来识别的键盘称为非编码键盘。单片机组成的各种系统中，用得最多的是非编码键盘，也有用到编码键盘的。非编码键盘又分为：独立键盘和行列式（又称为矩阵式）键盘。

1. 独立键盘

独立键盘的每个按键单独占用一个 I/O 口，I/O 口的高低电平反映了对应按键的状态。独立按键电路如图 3-17 所示，键没有按下，对应端口为高电平；按下键，对应端口为低电平。

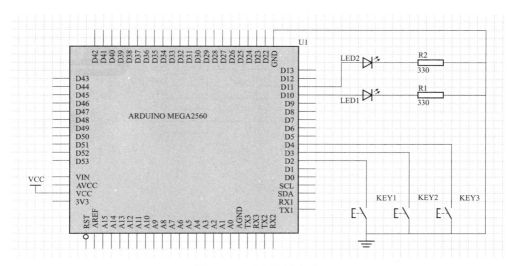

图 3-17　独立按键电路

2. 键盘消抖的基本原理

通常的按键所用开关为机械弹性开关，由于机械触点的弹性作用，一个按键合时，不会马上稳定地接通，断开时也不会立即断开。按键按下时会有抖动，也就是说，只按一次按键，可实际产生的按下次数却是多次的，因而在闭合和断开的瞬间，均伴有一连串的抖动。

为了避免按键抖动现象所采取的措施，就是按键消抖。消抖的方法包括硬件消抖和软件消抖。

（1）硬件消抖。在键数较少时可采用硬件方法消抖，用 RS 触发器来消抖。通过两个与非门构成一个 RS 触发器，当按键未按下时，输出 1；当按键按下时，输出为 0。除了采用 RS 触发器消抖电路外，有时也可采用 RC 消抖电路。

（2）软件消抖。如果按键较多，常用软件方法去抖，即检测到有按键按下时执行一段延时程序，具体延时时间依机械性能而定，常用的延时间是 5~20ms，即按键抖动这段时间不进行检测，等到按键稳定时再读取状态；若仍然为闭合状态电平，则认为真有按键按下。

3. 矩阵按键

在键盘中按键数量较多时，为了减少 I/O 口的占用，通常将按键排列成矩阵形式，即每条水平线和垂直线在交叉处不直接连通，而是通过一个按键加以连接，这样的设计方法在硬件上节省 I/O 端口，可是在软件上会变得比较复杂。

矩阵按键电路如图 3-18 所示。

键盘行线连接引脚 0~3，列线连接 4~7。

矩阵按键实物如图 3-19 所示。

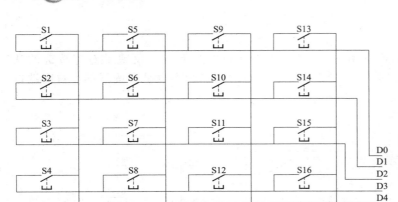

图 3-18　矩阵按键电路　　　　　　　　　图 3-19　矩阵按键实物

二、按键处理程序

1. 独立按键控制 LED 灯程序

(1) 控制要求。按下开发板上的 KEY1 键，则 LED1 亮，松开 KEY1 键，则 LED1 灭。

(2) 控制程序。

```
int ledPin=10;                              //设定控制 LED 引脚
int switchPin=2;                            //设定开关的引脚
int Kval=0;                                 //定义一个变量
void setup()
{
  pinMode(ledPin,OUTPUT);                   //设定数字 IO 口的模式,OUTPUT 为
                                            //  输出
  pinMode(switchPin,INPUT);                 //设定数字 IO 口的模式,INPUT 为输入
}
void loop()
{
  Kval=digitalRead(switchPin);              //读开关的状态
  if(HIGH==Kval)digitalWrite(ledPin,LOW);   //如果开关断开,LED 灭
  else digitalWrite(ledPin,HIGH);           //如果开关闭合,LED 亮
}
```

(3) 程序分析。根据电路连接，设定 10 号引脚为控制 LED 引脚，设定 2 号引脚为开关引脚，设置一个变量 Kval 记录开关的状态。

在 setup 初始化程序部分，设置 10 号引脚为输出，设置 2 号引脚为输入。

在 loop 循环程序部分，首先读取开关的状态，然后根据开关的状态，决定 LED 灯的状态。如果开关断开，读取的 2 号引脚电平为高电平，那么输出低电平，LED 灭。否则，开关闭合，读取的 2 号引脚电平为低电平，那么输出高电平，LED 灭亮。

为了防止按键抖动，可以加入延时函数，重复读取数据，若两次数据一致，则读取数据有

效，根据有效数据，决定输出状态。

2. 独立按键控制 LED1、LED2 灯程序

（1）控制要求。按下连接到 Arduino Mega2560 开发板上的 KEY1 键，则 LED1 亮、LED2 灭；按下连接到 Arduino Mega2560 开发板上的 KEY2 键，则 LED2 亮、LED1 灭；按下连接到 Arduino Mega2560 开发板上的 KEY3 键，则 LED1、LED2 灭。

（2）控制程序。

```
int keypin1=2;                              //设定控制 KEY1 引脚
int keypin2=3;                              //设定控制 KEY2 引脚
int keypin3=4;                              //设定控制 KEY3 引脚
int Led1=10;                                //设定控制 LED1 引脚
int Led2=11;                                //设定控制 LED2 引脚
void setup(){
pinMode(keypin1,INPUT_PULLUP);             //设定 KEY1 的输入上拉模式
pinMode(keypin2,INPUT_PULLUP);             //设定 KEY2 的输入上拉模式
pinMode(keypin3,INPUT_PULLUP);             //设定 KEY3 的输入上拉模式
pinMode( Led1,OUTPUT);                      //设定 LED1 为输出
pinMode( Led2,OUTPUT);                      //设定 LED2 为输出
digitalWrite(Led1,LOW);                    //设定 LED1 为输出低电平
digitalWrite(Led2,LOW);                    //设定 LED1 为输出低电平
}
void loop(){
  if(0==digitalRead(keypin1))              //读 KEY1 的状态
  {delay(5);                               //延时 5ms
    if(0==digitalRead(keypin1)){           //读 KEY1 的状态
      digitalWrite(Led1,HIGH);             //点亮 LED1
      digitalWrite(Led2,LOW);              //熄灭 LED2
      while(! digitalRead(keypin1));       //等待 KEY1 弹起
    }
  }
  if(0==digitalRead(keypin2))
  {delay(5);
    if(0==digitalRead(keypin2)){
      digitalWrite(Led1,LOW );
      digitalWrite(Led2,HIGH);
      while(! digitalRead(keypin2));
    }
  }
  if(0==digitalRead(keypin3))
  {delay(5);
    if(0==digitalRead(keypin3)){
      digitalWrite(Led1,LOW);
      digitalWrite(Led2,LOW);
      while(! digitalRead(keypin3));
```

```
        }
      }
    }
```

（3）程序分析。根据电路连接，设定 10 号、11 号引脚为控制 LED 引脚，设定 2 号、3 号、4 号引脚为开关 KEY1、KEY2、KEY3 引脚。

在 setup 初始化程序部分，设置 10 号、11 号引脚为输出，设置 2 号、3 号、4 号引脚为输入。

在 loop 循环程序部分，首先读取开关 KEY1 的状态，延时 5ms 后，再次读取开关 KEY1 的状态，然后根据开关 KEY1 的状态，决定 LED1 灯、LED2 灯的状态。如果开关 KEY1 闭合，读取的 2 号引脚电平为低电平，那么 10 号引脚输出高电平，LED1 亮，11 号引脚输出低电平，LED2 灭。然后读取开关 KEY2 的状态，延时 5ms 后，再次读取开关 KEY2 的状态，然后根据开关 KEY2 的状态，决定 LED1 灯、LED2 灯的状态。如果开关 KEY2 闭合，读取的 3 号引脚电平为低电平，那么 10 号引脚输出低电平，LED1 灭，11 号引脚输出高电平，LED2 亮。最后根据开关 KEY3 状态，决定 LED1 灯、LED2 灯的状态。如果开关 KEY3 闭合，读取的 4 号引脚电平为低电平，LED1、LED2 灭。

3. 矩阵按键程序处理

（1）矩阵按键控制要求。分别按下 4 行 4 列 16 个矩形阵列按键时，通过串口输出按键结果。

（2）矩阵按键与 Arduino Mega2560 控制板的连接电路（见图 3-20）。

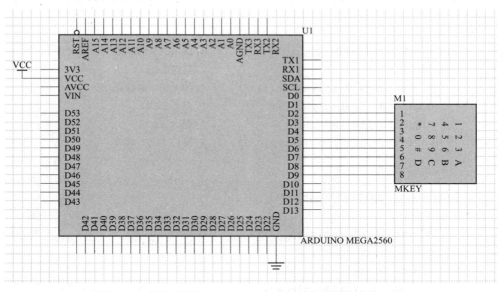

图 3-20　矩阵按键与 Arduino Mega2560 控制板的连接电路

（3）矩阵按键控制程序及其分析。

```
#include <Keypad.h>
const byte ROWS=4;                          //定义行数为4
const byte COLS=4;                          //定义列数为4
//定义矩阵按键符号
char hexaKeys[ROWS][COLS]={
```

```
    {'  1'  ,'  2'  ,'  3'  ,'  A'  },
    {'  4'  ,'  5'  ,'  6'  ,'  B'  },
    {'  7'  ,'  8'  ,'  9'  ,'  C'  },
    {'  *'  ,'  0'  ,'  #'  ,'  D'  }
};
byte rowPins[ROWS]={2,3,4,5};              //设置硬件行对应的引脚号
byte colPins[COLS]={6,7,8,9};              //设置硬件列对应的引脚号
//初始化一个新的 Keypad 类对象
Keypad customKeypad = Keypad ( makeKeymap (hexaKeys), rowPins, colPins, ROWS,
COLS);
//初始化程序
void setup(){
    Serial.begin(9600);                    //设置串口通信波特率
}
//主循环函数
void loop(){
    char customKey=customKeypad.getKey(); //读取键值
    if(customKey){
        Serial.println(customKey);         //串口打印键值
    }
}
```

程序使用const 定义行、列、矩阵按键数组常数，设置硬件行对应的引脚号，设置硬件列对应的引脚号。

通过 "Keypad customKeypad = Keypad (makeKeymap (hexaKeys), rowPins, colPins, ROWS, COLS);" 语句初始化一个新的 Keypad 类对象。

在初始化程序中，设置串口通信波特率为 9600bit/s。

在主循环程序中，通过读取键值函数 getKey ( ) 循环读入按键值，并通过串口输入按键值。

矩阵按键控制程序运行结果如图 3-21 所示。

图 3-21　矩阵按键控制程序运行结果

⚙ 技能训练

一、训练目标

（1）学会独立按键的处理控制。

（2）学会矩阵按键处理控制。

二、训练步骤与内容

1. 建立一个工程

（1）在 E 盘 A2560 文件夹，新建一个文件夹 C04。

（2）启动 Arduino 软件。

（3）选择"文件"→"New"，自动创建一个新项目。

（4）选择"文件"→"另存为"，打开另存为对话框，选择文件夹 C04，打开文件夹 C04，在文件名栏输入"Anj1"，单击"保存"按钮，保存 Anj1 项目文件。

2. 编写程序文件

在 Anj1 项目文件编辑区输入独立按键控制 LED 灯控制程序，单击工具栏"🖫"按钮，保存项目文件。

3. 编译程序

（1）单击"工具"→"板"，在右侧出现的板选项菜单中选择"Arduino Mega2560"。

（2）单击"项目"→"验证/编译"，或单击工具栏的"验证/编译"按钮，Arduino 软件首先验证程序是否有误，若无误，程序自动开始编译程序。

（3）等待编译完成，在软件调试提示区，观看编译结果。

4. 调试

（1）按图 3-17 连接独立按键控制 LED 灯的实训电路

（2）下载调试程序

1）单击工具栏的下载工具按钮图标，将程序下载到启动 Arduino Mega2560 控制板。

2）下载完成，在软件调试提示区，按下连接在 3 号引脚的 KEY1 按键，观看下载结果，观察 Arduino Mega2560 控制板连接的数码管的状态变化。

5. 独立按键实训

（1）在文件夹 C04 内。新建一个项目文件，命名为"Anj2"，保存文件

（2）启动 Arduino 软件。

（3）选择"文件"→"New"，自动创建一个新项目。

（4）选择"文件"→"另存为"命令，打开另存为对话框，选择文件夹 C04，打开文件夹 C04，在文件名栏输入"Anj2"，单击"保存"按钮，保存 Anj2 项目文件。

（5）在 Anj2 项目文件编辑区输入独立按键控制 LED1、LED2 灯控制程序，单击工具栏上的"🖫"按钮，保存项目文件。

（6）编译、下载、调试程序，按下各个按键，观察 LED1、LED2 灯的状态变化。

6. 矩阵按键实训

（1）按图 3-20 连接矩阵按键控制实训电路。

（2）将 Arduino 键处理库文件"Keypad"复制到 Arduino 安装目录下的"libraries"文件夹内。

（3）在文件夹 C04 内。新建一个项目文件，命名为"Anj4x4"，保存文件。

（4）在 Anj4x4 文件中输入矩阵按键控制程序，保存程序。

（5）编译 Anj4x4 控制程序，观察是否有错。

（6）下载控制程序到 Arduino Mega2560 控制板。

（7）单击 Arduino 软件的串口观察按钮，按下各行列的按键，观察串口的显示结果。

习题3

1. 根据控制要求设计双 LED 灯控制程序，并下载到 Arduino Mega2560 控制板进行调试。
控制要求：

（1）在按键处理程序中，增加延时防抖处理功能；

（2）按下 KEY1 键，LED1 亮；

（3）按下 KEY2 键，LED2 亮；

（4）按下 KEY3 键，LED1、LED2 熄灭。

2. 设计按键矩阵扫描处理程序。要求：在按键矩阵扫描处理中，按下 A 键，连接在 13 号引脚的 LED 灯一直亮，释放 A 键，连接在 13 号引脚的 LED 灯熄灭。按下 B 键一次，连接在 13 号引脚的 LED 灯亮，再按一次 B 键，连接在 13 号引脚的 LED 灯熄灭。

3. 利用 2 只 74HC573 集成电路驱动 4 只数码管作循环动态显示数据 0~1000。

4. 利用矩阵按键和 Arduino Mega2560 控制板，设计 6 人竞赛用抢答器。

5. 利用矩阵按键和 Arduino Mega2560 控制板，在矩阵按键上设置"＊"密码输入起始键，设置复位键"#"，再增加一个继电器控制门锁，制作带 6 位数字的密码锁，设计程序，并下载到 Arduino Mega2560 控制板调试。

项目四　突发事件的处理——中断

学习目标

（1）学习中断基础知识。
（2）学会设计外部中断控制程序。
（3）学会设计定时器中断程序。
（4）学会控制交通灯。

任务9　外部中断控制

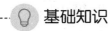

基础知识

一、中断知识

1. 中断

对于单片机来讲，在程序的执行过程中，由于某种外界的原因，必须终止当行的程序而去执行相行相应的处理程序，待处理结束后再回来继续执行被终止的程序，这个过程叫中断。对于单片机来说，突发的事情实在太多了。例如用户通过按键给单片机输入数据时，这对单片机本身来说是无法估计的事情，这些外部来的突发信号一般就由单片机的外部中断来处理。外部中断其实就是一个由引脚的状态改变所引发的中断。中断流程如图 4-1 所示。

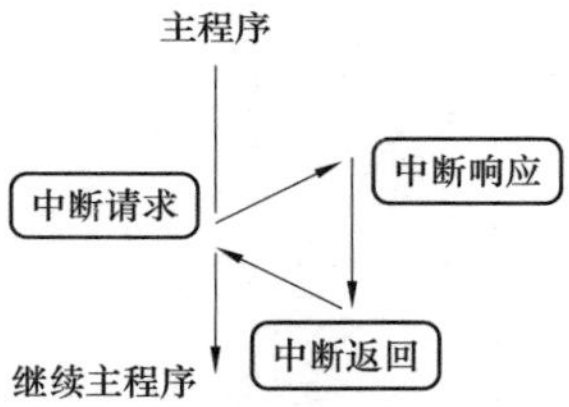

图 4-1　中断流程

2. 采用中断的优点

（1）实时控制。利用中断技术，各服务对象和功能模块可以根据需要，随时向 CPU 发出中断申请，并使 CPU 为其工作，以满足实时处理和控制需要。

（2）分时操作。提高 CPU 的效率，只有当服务对象或功能部件向单片机发出中断请求时，单片机才会转去为他服务。这样，利用中断功能，多个服务对象和部件就可以同时工作，从而提高了 CPU 的效率。

（3）故障处理。单片机系统在运行过程中突然发生硬件故障、运算错误及程序故障等，可以通过中断系统及时向 CPU 发出请求中断，进而 CPU 转到响应的故障处理程序进行处理。

二、中断源和外部中断编号

1. 中断源

中断源是指能够向单片机发出中断请求信号的部件和设备。中断源又可以分为外部中断和内部中断。

单片机内部的定时器、串行接口、TWI、ADC 等功能模块都可以工作在中断模式下，在特定的条件下产生中断请求，这些位于单片机内部的中断源称为内部中断。外部设备也可以通过外部中断入口，向 CPU 发出中断请求，这类中断称为外部中断源。

2. 外部中断编号

不同的 Arduino 控制器，外部中断引脚的位置也不同，只有中断信号发生在带有外部中断的引脚上，Arduino 才能捕获到该中断信号并作出响应。Arduino 常用型号控制板的中断引脚所对应的外部中断编号，见表 4-1。

表 4-1　　　　　　　　　　　　　　外部中断编号

Arduino 型号	int0	int1	int2	int3	int4	int5
UNO	2	3	—	—	—	—
MEGA2560	2	3	21	20	19	18
Leonardo	3	2		1	—	—
Due	所有引脚均可产生外部中断					

其中 int0、int1 等是外部中断编号。

3. 中断模式

外部中断可以定义为由中断引脚上的下降沿、上升沿、任意逻辑电平变化和低电平触发等触发方式。外部设备触发外部中断的输入信号类型，通过设置中断模式，即设置中断触发方式来确定。Arduino 控制器支持的 4 种中断触发方式见表 4-2。

表 4-2　　　　　　　　　　　　　　中断触发方式

触发模式名称	触发方式
LOW（低电平）	低电平触发
CHANGE（电平变化）	电平变化触发，即低电平变高电平或高电平变低电平时触发
RISING（上升沿）	上升沿触发，即低电平变高电平
FALLING（下降沿）	下降沿，即高电平变低电平

4. 中断函数

中断函数是响应中断后的处理函数，当中断被触发后，就让 Arduino 控制器执行该中断函数。中断函数不带任何参数，且返回类型为空，如：

```
void add(){
n+=1;
}
```

当中断被触发后，Arduino 控制器执行该函数中的程序语句。

在使用中断时，还需要在初始化 setup（）中使用 attachInterrupt（）函数对中断引脚进行初始化配置，以开启 Arduino 控制器的中断功能。

不使用中断时，可以用中断分离函数 detachInterrupt（），关闭中断功能。

（1）中断配置函数 attachInterrupt（interrupt，function，mode）

参数：

interrupt：中断号。注意，中断号并不是 Arduino 控制器的引脚号。

function：中断函数名。当中断被触发后，立即执行此函数名称所代表的中断函数。

mode：中断模式。

例如：

```
attachInterrupt(0,add1,FALLING);
```

如果使用 Arduino Mega2560 控制器，则该语句即会开启 2 号引脚 int0 中断，并设定使用下降沿触发该中断。当 2 号引脚的电平由高电平变为低电平时，触发该中断，Arduino Mega2560 控制器执行名称为 add1（）函数中的程序语句。

（2）中断分离函数 detachInterrupt（interrupt）

参数：

interrupt 为中断号。

三、用中断控制 LED 灯

1. 控制要求

使用中断 0 点亮 LED 灯，中断 1 熄灭 LED 灯。

2. 控制程序

```
int ledPin=13;                        //设定控制 LED 引脚
char ledState=0;                      //设置 LED 灯状态变量
//初始化函数
void setup()
{
  pinMode(ledPin,OUTPUT);             //设定 13 号引脚端口为输出
  pinMode(2,INPUT_PULLUP);            //设定 2 号引脚端口为带上拉输入
  pinMode(3,INPUT_PULLUP);            //设定 3 号引脚端口为带上拉输入
  attachInterrupt(0,light,FALLING);   //开启中断 0,触发方式为下降沿
  attachInterrupt(1,delight,FALLING); //开启中断 1,触发方式为下降沿
}
//主循环函数
void loop()
{
  if(ledState==1)
  digitalWrite(ledPin,HIGH);
  else
  digitalWrite(ledPin,LOW);
}
//中断 0 处理函数
void light(){
ledState=1;
}
//中断 1 处理函数
void delight(){
ledState=0;
}
```

在初始化函数中，设定驱动 LED 灯的 13 号引脚为输出，设定中断 0、中断 1 对应的引脚为带上拉输入。然后开启中断 0、中断 1，并设定触发方式为下降沿触发。

中断 0 发生时，执行中断 0 处理函数 light（），设置 LED 灯状态变量为 1；

中断 1 发生时，执行中断 1 处理函数 delight（），设置 LED 灯状态变量为 0；

主循环函数，根据 LED 灯状态变量的值，确定 13 号引脚输出的状态。ledState 为 1 时，通过 digitalWrite（）函数置位 ledPin；ledState 为 0 时，通过 digitalWrite（）函数复位 ledPin。

技能训练

一、训练目标

（1）学会使用 Arduino Mega2560 控制器的外部中断。

（2）通过 Arduino Mega2560 控制器的外部中断 INT0，控制 LED 灯显示。

二、训练步骤与内容

1. 建立一个工程

（1）在 E 盘 A2560 文件夹，新建一个文件夹 D01。

（2）启动 Arduino 软件。

（3）选择"文件"→"New"，自动创建一个新项目。

（4）选择"文件"→"另存为"，打开另存为对话框，选择另存的文件夹 D01，在文件名栏输入"D001"，单击"保存"按钮，保存 D001 项目文件。

2. 编写程序文件

在 D001 项目文件编辑区输入"用中断控制 LED 灯"程序，单击工具栏上的"![save]"按钮，保存项目文件。

3. 编译程序

（1）单击"工具"→"板"，在右侧出现的板选项菜单中选择"Arduino Mega2560"。

（2）单击"项目"→"验证/编译"，或单击工具栏的"验证/编译"按钮，Arduino 软件首先验证程序是否有误，若无误，程序自动开始编译程序。

（3）等待编译完成，在软件调试提示区，观看编译结果。

4. 调试

（1）下载程序。单击工具栏的下载工具按钮图标，将程序下载到 Arduino Mega2560 控制板。

（2）调试程序。

1）按下连接在 2 号引脚的 KEY1 按键，观察 Arduino Mega2560 控制板连接在 13 引脚的 LED 灯的状态变化。

2）按下连接在 3 号引脚的 KEY2 按键，观察 Arduino Mega2560 控制板连接在 13 引脚的 LED 灯的状态变化。

5. 中断 4、5 的应用

重新修改程序，利用中断 4（19 号引脚）、中断 5（18 号引脚）进行中断控制，按下连接在 19 号引脚的 KEY1 按键，观察 Arduino Mega2560 控制板连接在 13 引脚的 LED 灯的状态变化。按下连接在 18 号引脚的 KEY2 按键，观察 Arduino Mega2560 控制板连接在 13 引脚的 LED 灯的状态变化。

任务 10   定 时 中 断 控 制

基础知识

一、定时中断

应用单片机内部定时器产生的中断，称为定时中断。定时中断使程序每隔一段时间执行一次用户设计的定时中断程序。Arduino 没有直接的定时中断设置，要使用定时中断，就得使用第三方提供的定时中断的库函数。由于 Arduino 的开源特性，已有极客已经写好了定时中断的库函数，其他人可以直接拿来使用。常用的库有 FlexiTime2. h 和 MsTime2. h，这两个库用法相似。

二、定时中断函数

1. 设置定时中断周期 FrequencyTimer2∷ setPeriod（unsigned long v）

设置定时中断周期函数用于设置定时中断的时间间隔。无符号长整型变量 ms 表示的是定时时间间隔的长度，单位是毫秒（ms），void（∗f）（）表示被调用的中断服务函数，写函数名就可以了。中断服务函数不可以有参数和返回值，如：

```
FrequencyTimer2::setPeriod(200);      //定时中断周期设置,每隔 200μs 中断一次。
```

2. 使能定时中断函数 void enable（）和禁止定时中断函数 void disable（）

使能、禁止定时中断函数通常是放在一起用，从 enable（）位置使能定时中断，在 disable（）处停止定时中断。当然，也可以只使用使能定时中断函数 enable（），它表示整个程序都执行定时中断。

```
Program1                      //不需要执行的定时中断程序代码
FrequencyTimer2∷ enable();     //定时中断开启
Program2                      //需要执行的定时中断程序代码
FrequencyTimer2∷ disable();    //定时中断停止
Program3                      //不需要执行的定时中断程序代码
```

设置定时中断函数、开启定时中断函数和关闭定时中断函数都必须在 FrequencyTimer2 的作用域内执行，在使用时要加上作用域，如 FrequencyTimer2∷ setPeriod（200）。

三、应用定时中断控制 LED 灯

代码如下：

```
#include <FrequencyTimer2.h>
boolean ledState=HIGH;                     //设置 LED 初始状态为高电平
unsigned long flashCount=0;                //设置中断次数计数器
void ledflash(void){
  flashCount++;
  if(flashCount > 5000){
    flashCount=0;
```

```
      ledState=!ledState;                    //LED 状态取反
    }
    digitalWrite(13,ledState);               //将 ledState 状态赋值给 13 号
                                               引脚
  }
  void setup(){
    pinMode(13,OUTPUT);
    FrequencyTimer2::setPeriod(200);
    FrequencyTimer2::setOnOverflow(ledflash);
    FrequencyTimer2::enable();
  }
  //主循环函数
  void loop(){
  }
```

技能训练

一、训练目标

（1）学会使用 Arduino 控制器的定时中断。

（2）通过 Arduino 控制器的定时中断控制 LED 灯显示。

二、训练步骤与内容

1. 建立一个工程

（1）在 E 盘 A2560 文件夹，新建一个文件夹 D02。

（2）将 Arduino 定时器库文件 FrequencyTimer2 拷贝到 Arduino 安装文件夹下的"libraries"库文件夹内。

（3）启动 Arduino 软件。

（4）选择"文件"→"New"，自动创建一个新项目。

（5）选择"文件"→"另存为"，打开另存为对话框，选择另存的文件夹 D02，在文件名栏输入"D002"，单击"保存"按钮，保存 D002 项目文件。

2. 编写程序文件

在 D002 项目文件编辑区输入"应用定时中断控制 LED 灯"程序，单击工具栏上的"💾"按钮，保存项目文件。

3. 编译程序

（1）单击"工具"→"板"，在右侧出现的板选项菜单中选择"Arduino Mega2560"。

（2）单击"项目"→"验证/编译"，或单击工具栏的"验证/编译"按钮，Arduino 软件首先验证程序是否有误，若无误，程序自动开始编译程序。

（3）等待编译完成，在软件调试提示区，观看编译结果。

4. 调试

（1）下载程序。单击工具栏的下载工具按钮图标，将程序下载到 Arduino Mega2560 控制板。

（2）调试程序。

1）观察 Arduino Mega2560 控制板连接在 13 引脚的 LED 灯的状态变化。

2）修改设置定时中断函数中的定时间隔数值为 1000，观察 Arduino Mega2560 控制板连接在 13 引脚的 LED 灯的状态变化。

习题4

1. 利用外部中断 2、3 控制 LED 灯。

2. 利用定时中断控制 LED 灯闪烁，时间间隔为 600ms。

3. 利用定时中断控制可调时钟。

（1）利用定时中断产生计时脉冲，然后进行秒计数、分计数、小时计数。

（2）通过数码管显示时间，时钟显示格式为"小时–分钟–秒钟"，如"13–46–52"表示 13 时 46 分 52 秒。

（3）按 K1 按键，调整小时显示值，每按一次，小时数值加 1。

（4）按 K2 按键，调整分钟显示值，每按一次，分钟数值加 1。

（5）设计控制程序，并下载到 Arduino Mega2560 控制板进行调试。

项目五 定时控制

 学习目标

（1）学会使用运行时间函数。

（2）学会延时控制。

任务11 定 时 控 制

基础知识

一、基本时间函数

1. 运行时间函数

（1）毫秒运行时间函数 millis（）。Arduino 通过运行时间函数 millis（）或 micros（）获取 Arduino 控制板从通电或复位后到现在的时间，用法是：

```
millis();
```

该函数返回系统运行时间，单位是毫秒（ms）。返回值的类型是 unsigned long 无符号长整型数据类型，大约每 50 天会溢出一次。

（2）微秒运行时间函数 micros（）。micros（）函数返回系统运行时间，单位是微秒（μs）。返回值的类型是 unsigned long 无符号长整型数据类型，大约每 70min 会溢出一次。

使用 16MHz 晶体振荡器的 Arduino 控制板，精度为 4μs，使用 8MHz 晶体振荡器的 Arduino 控制板，精度为 8μs。

2. 应用运行时间函数

（1）控制要求。将系统运行时间输出到串口，并通过串口监视器观察程序运行时间。

（2）应用运行时间函数程序。

```
//定义变量
unsigned long time1;          //定义长整型数据变量 time1
//初始化函数
void setup(){
  Serial.begin(9600);         //设置串口通信波特率为 9600
}
//主循环函数
void loop(){
time1=millis();               //系统运行时间赋值给 time1
Serial.print(time1);          //串口打印 time1
```

```
Serial.print("ms");              //串口打印ms
Serial.println("");              //换行打印一个空行
delay(1000);                     //延时1s
}
```

二、延时控制

1. 延时函数

使用延时函数 delay（）或 delayMicroseconds（）可暂停程序代码的运行，并通过延时参数的设置控制延时时间。

（1）delay（）为毫秒级延时函数，参数类型为无符号长整型数据类型 unsigned long。

（2）delayMicroseconds（）为微秒级延时函数，参数类型为无符号长整型数据类型 unsigned long。

通过延时函数可以控制 LED 灯亮或灭的时间。

2. 按键延时消抖

代码如下。

```
int Button=6;                         //连接开关到D6
int LED=13;                           //连接LED到13
boolean state1=LOW;                   //设定一个变量用于记录开关状态。
void setup()
{
  pinMode(Button,INPUT);              //按钮端子作为输入
  pinMode(LED,OUTPUT);                //LED端子作为输出
}
void loop(){
  if(digitalRead(Button)==LOW)        //检测上升沿触发,先检测输入是否低电平
  {
    delay(5);                         //然后延时一段时间
    if(digitalRead(Button)==HIGH)     //然后检测是不是电平变为高了。是的话,
                                      //  就是刚好按钮按下了
    {
      //digitalWrite(LED,state1);     //写入当前LED状态state1
      state1=(! state1);             //然后LED状态反转,以便下一次使用
      delay(5);                       //延时一段时间,防止按钮突然断开再按下。
      while(digitalRead(Button)==HIGH)//判断按钮状态,如果仍然按下的话,等待
                                      //  松开,防止一直按住导致LED输出端连
                                      //  续反转
      {
        delay(2);
      }
    }
  }
  if(state1==HIGH){
    for(int i=0;i<3;i++){
```

```
      digitalWrite(LED,HIGH);
      delay(500);
      digitalWrite(LED,LOW);
      delay(500);
      }
   state1 = (! state1);
      }
   }
```

技能训练

一、训练目标

（1）学会使用 Arduino Mega2560 控制器的运行时间函数。

（2）通过 Arduino Mega2560 控制器的延时函数控制 LED 灯显示。

二、训练步骤与内容

1. 建立一个工程

（1）在 E 盘 A2560 文件夹，新建一个文件夹 E01。

（2）启动 Arduino 软件。

（3）选择"文件"→"New"，自动创建一个新项目。

（4）选择"文件"→"另存为"，打开另存为对话框，选择另存的文件夹 E01，打开文件夹 E01，在文件名栏输入"E001"，单击"保存"按钮，保存 E001 项目文件。

2. 编写程序文件

在 E001 项目文件编辑区输入"应用运行时间函数"程序，单击工具栏上的" 💾 "按钮，保存项目文件。

3. 编译程序

（1）单击"工具"→"板"，在右侧出现的板选项菜单中选择"Arduino Mega2560"。

（2）单击"项目"→"验证/编译"，或单击工具栏的"验证/编译"按钮，Arduino 软件首先验证程序是否有误，若无误，程序自动开始编译程序。

（3）等待编译完成，在软件调试提示区，观看编译结果。

4. 调试

（1）单击工具栏的下载工具按钮图标，将程序下载到 Arduino Mega2560 控制板。

（2）打开 Arduino 开发环境有上角的串口监视按钮，打开串口调试窗口，观察串口打印数据，串口显示结果见图 5-1。

图 5-1 串口显示结果

（3）应用延时函数设计控制 LED 等闪烁的控制程序，下载到 Arduino Mega2560 控制板，观察 LED 闪烁。修改延时参数，观察 LED 闪烁速率。

习题 5

1. 通过串口调试窗，观察系统运行时间。

2. 利用微妙延时函数 delayMicroseconds（）控制 LED 灯闪烁，时间间隔设置为 300000μs。

3. 应用延时函数，设计按键延时防抖程序，使用两个按键 A、B，控制一盏 LED 灯，按键 A 动作时，点亮 LED，按键 B 动作时，熄灭 LED。

项目六 串口通信与控制

学习目标

（1）学会使用 RS-232 串口。

（2）学会用串口控制 LED 灯。

任务 12 串 口 通 信 与 控 制

基础知识

一、串口通信

串行接口（Serial Interface）简称串口，串口通信是指数据一位一位地按顺序传送，实现两个串口设备的通信。其特点是通信线路简单，只要一对传输线就可以实现双向通信，从而降级了成本，特别适用于远距离通信，但传送速度较慢。

1. 通信的基本方式

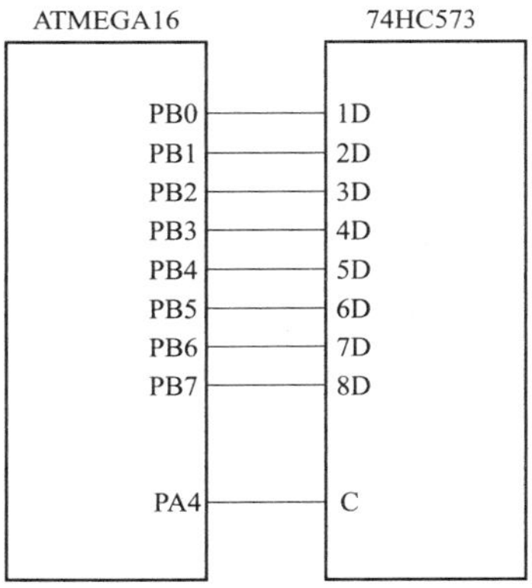

（1）并行通信。数据的每位同时在多根数据线上发送或者接收。其示意图如图 6-1 所示。

并行通信的特点：①各数据位同时传送，传送速度快，效率高；②有多少数据位就需要多少根数据线，传送成本高。在集成电路芯片的内部，同一插件板上各部件之间，同一机箱内部插件之间等的数据传送是并行的，并行数据传送的距离通常小于 30m。

（2）串行通信。数据的每一位在同一根数据线上按顺序逐位发送或者接收。其通信示意图如图 6-2 所示。

串行通信的特点：数据传输按位顺序进行，只需两根传输线即可完成，成本低，速度慢。计算机与远程终端，远程终端与远程终端之间的数据传输通常都是串行的。与并行通信相比，串行通信还有以下较为显著的特点。

1）传输距离较长，可以从几米到几千米。

2）串行通信的通信时钟频率较易提高。

3）串行通信的抗干扰能力十分强，其信号间的互相干扰完全可以忽略。

4）串行通信传送速度比并行通信慢得多。

正是基于以上各个特点的综合考虑，串行通信在数据采集和控制系统中得到了广泛的应

图 6-1 并行通信方式示意图

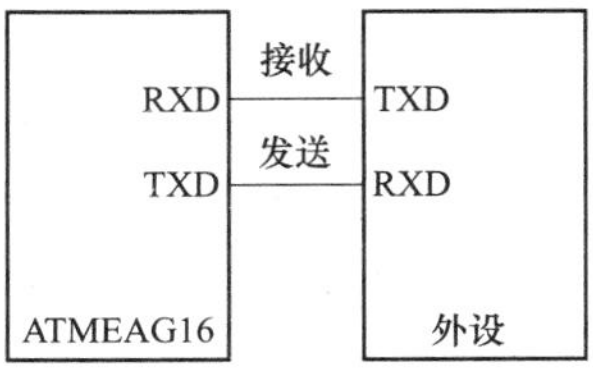

图 6-2 串行通信方式示意图

用，产品种类也是多种多样的。

2. 串行通信的工作模式

通过单线传输信息是串行数据通信的基础。数据通常是在两个站（点对点）之间进行传输，按照数据流的方向可分为三种传输模式（制式）。

图6-3　单工模式

（1）单工模式。单工模式的数据传输是单向的。通信双方中，一方为发送端，另一方则固定为接收端。信息只能沿一个方向传输，使用一根数据线，如图6-3所示。

单工模式一般用在只向一个方向传输数据的场合。例如收音机，收音机只能接收发射塔给它的数据，它并不能给发射塔发送数据。

（2）半双工模式。半双工模式是指通信双方都具有发送器和接收器，双方即可发送也可接收，但接收和发送不能同时进行，即发送时就不能接收，接收时就不能发送。如图6-4所示。

半双工一般用在数据能在两个方向传输的场合。例如对讲机，就是很典型的半双工通信实例，读者有机会，可以自己购买套件，之后焊接、调试，亲自体验一下半双工的魅力。

（3）全双工模式。全双工数据通信分别由两根可以在两个不同的站点同时发送和接收的传输线进行传输，通信双方都能在同一时刻进行发送和接收操作，如图6-5所示。

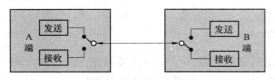

图6-4　半双工模式

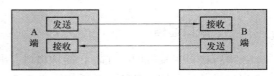

图6-5　全双工模式

在全双工模式下，每一端都有发送器和接收器，有两条传输线，可在交互式应用和远程监控系统中使用，信息传输效率较高。例如手机，即是全双工模式。

3. 异步传输和同步传输

在串行传输中，数据是一位一位地按照到达的顺序依次进行传输的，每位数据的发送和接收都需要时钟来控制。发送端通过发送时钟确定数据位的开始和结束，接收端需在适当的时间间隔对数据流进行采样来正确地识别数据。接收端和发送端必需保持步调一致，否则就会在数据传输中出现差错。为了解决以上问题，串行传输可采用以下两种方式：异步传输和同步传输。

（1）异步传输。在异步传输方式中，字符是数据传输单位。在通信的数据流中，字符之间异步，字符内部各位间同步。异步通信方式的"异步"主要体现在字符与字符之间通信没有严格的定时要求。在异步传输中，字符可以是连续地，一个个地发送，也可以是不连续地，随机地单独发送。在一个字符格式的停止位之后，立即发送下一个字符的起始位，开始一个新的字符的传输，这叫做连续地串行数据发送，即帧与帧之间是连续的。断续的串行数据传输是指在一帧结束之后维持数据线的"空闲"状态，新的起始位可在任何时刻开始。一旦传输开始，组成这个字符的各个数据位将被连续发送，并且每个数据位持续时间是相等的。接收端根据这个特点与数据发送端保持同步，从而正确地恢复数据。收发双方则以预先约定的传输速度，在时钟的作用下，传输这个字符中的每一位。

（2）同步传输。同步传输是一种连续传送数据的通信方式，一次通信传送多个字符数据，称为一帧信息。数据传输速率较高，通常可达56000bit/s或更高。其缺点是要求发送时钟和接收时钟保持严格同步。例如，可以在发送器和接收器之间提供一条独立的时钟线路，由线路的一端（发送器或者接收器）定期的在每个比特时间中向线路发送一个短脉冲信号，另一端则将这些有规律的脉冲作为时钟。这种方法在短距离传输时表现良好，但在长距离传输中，定时脉冲可能会和信息信号一样受到破坏，从而出现定时误差。另一种方法是通过采用嵌有时钟信息的数据编码位向接收端提供同步信息。同步传输格式如图6-6所示。

同步字符	数据字符1	数据字符2	…	数据字符n−1	数据字符n	校验字符	(校验字符)

图6-6 同步通信数据

4. 串口通信的格式

在异步通信中，数据通常以字符（char）或者字节（byte）为单位组成字符帧传送的。既然要双方要以字符传输，一定要遵循一些规则，否则双方肯定不能正确传输数据，什么时候开始采样数据，什么时候结束数据采样，这些都必须事先预定好，即规定数据的通信协议。

（1）字符帧。由发送端一帧一帧的发送，通过传输线被接收设备一帧一帧的接收。发送端和接收端可以有各自的时钟来控制数据的发送和接收，这两个时钟源彼此独立。

（2）异步通信中，接收端靠字符帧格式判断发送端何时开始发送，何时结束发送。平时，发送先为逻辑1（高电平），每当接收端检测到传输线上发送过来的低电平逻辑0时，就知道发送端开始发送数据，每当接收端接收到字符帧中的停止位时，就知道一帧字符信息发送完毕。异步通信具体格式如图6-7所示。

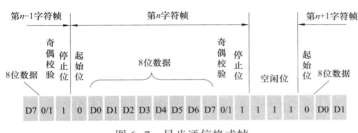

图6-7 异步通信格式帧

1）起始位。在没有数据传输时，通信线上处于逻辑"1"状态。当发送端要发送1个字符数据时，首先发送1个逻辑"0"信号，这个低电平便是帧格式的起始位。其作用是向接收端表达发送端开始发送一帧数据。接收端检测到这个低电平后，就准备接收数据。

2）数据位。在起始位之后，发送端发出（或接收端接收）的是数据位，数据的位数没有严格的限制，5~8位均可，由低位到高位逐位发送。

3）奇偶校验位。数据位发送完（接收完）之后，可发送一位用来验证数据在传送过程中是否出错的奇偶校验位。奇偶校验是收发双发预先约定的有限差错校验方法之一，有时也可不用奇偶校验。

4）停止位。字符帧格式的最后部分是停止位，逻辑"高（1）"电平有效，它可占1/2位、1位或2位。停止位表示传送一帧信息的结束，也为发送下一帧信息做好准备。

5. 串行通信的校验

串行通信的目的不只是传送数据信息，更重要的是应确保准确无误地传送。因此必须考虑在通信过程中对数据差错进行校验，差错校验是保证准确无误通信的关键。常用差错校验方法有奇偶校验、累加和校验以及循环冗余码校验等。

（1）奇偶校验。奇偶校验的特点是按字符校验，即在发送每个字符数据之后都附加一位奇偶校验位（1或0），当设置为奇校验时，数据中1的个数与校验位1的个数之和应为奇数；反之则为偶校验。收发双方应具有一致的差错校验设置，当接收1帧字符时，对1的个数进行校验，若奇偶性（收、发双方）一致则说明传输正确。奇偶校验只能检测到那种影响奇偶位数的错误，比低级且速度慢，一般只用在异步通信中。

（2）累加和校验。累加和校验是指发送方将所发送的数据块求和，并将"校验和"附加到数据块末尾。接收方接收数据时也是先对数据块求和，将所得结果与发送方的"校验和"进行比较，若两者相同，表示传送正确，若不同则表示传送出了差错。"校验和"的加法运算可用逻辑加，也可用算术加。累加和校验的缺点是无法校验出字节或位序的错误。

（3）循环冗余码校验（CRC）。循环冗余码校验的基本原理是将一个数据块看成一个位数很长的二进制数，然后用一个特定的数去除它，将余数作校验码附在数据块之后一起发送。接收端收到数据块和校验码后，进行同样的运算来校验传输是否出错。

6. 波特率

波特率是表示串行通信传输数据速率的物理参数，其定义为在单位时间内传输的二进制 bit 数，用位/秒（bit/s）表示。例如串行通信中的数据传输波特率为 9600bit/s，意即每秒钟传输 9600 个 bit，合计 1200 个字节。传输 1bit 所需要的时间为

$$1/9600 \text{bit/s} = 0.000104 \text{s} = 0.104 \text{ms}$$

传输 1 个字节的时间为

$$0.104 \text{ms} \times 8 = 0.832 \text{ms}$$

在异步通信中，常见的波特率通常有 1200、2400、4800、9600 等，其单位都是 bit/s。高速的可以达到 19200bit/s。异步通信中允许收发端的时钟（波特率）误差不超过 5%。

7. 串行通信接口规范

由于串行通信方式能实现较远距离的数据传输，因此在远距离控制时或在工业控制现场通常使用串行通信方式来传输数据。由于在远距离数据传输时，普通的 TTL 或 CMOS 电平无法满足工业现场的抗干扰要求和各种电气性能要求，因此不能直接用于远距离的数据传输。国际电气工业协会 EIA 推进了 RS-232、RS-485 等接口标准。

（1）RS-232 接口规范。RS-232-C 是 1969 年 EIA 制定的在数据终端设兰的在数据终端设备（DTE）和数据通信设备（DCE）之间的二进制数据交换的串行接口，全称是 EIA-RS-232-C 协议，实际中常称 RS-232，也称 EIA-232，最初采用 DB-25 作为连接器，包含双通道，但是现在也有采用 DB-9 的单通道接口连接，RS-232C 串行端口定义见表 6-1。

表 6-1　　　　　　　　　　　RS-232C 串行端口定义

DB9	信号名称	数据方向	说明
2	RXD	输入	数据接收端
3	TXD	输出	数据发送端
5	GND	—	地
7	RTS	输出	请求发送
8	CTS	输入	清除发送
9	DSR	输入	数据设备就绪

在实际中，DB9 由于结构简单，仅需要 3 根线就可以完成全双工通信，所以在实际中应用广泛。RS-232 采用负逻辑电平，用负电压表示数字信号逻辑"1"，用正电平表示数字信号的逻辑"0"。规定逻辑"1"的电压范围为 $-5 \sim -15$V，逻辑"0"的电压范围为 $+5 \sim +15$V。RS-232-C 标准规定，驱动器允许有 2500pF 的电容负载，通信距离将受此电容限制，例如，采用 150pF/m 的通信电缆时，最大通信距离为 15m；若每米电缆的电容量减小，通信距离可以增

加。传输距离短的另一原因是 RS-232 属单端信号传送，存在共地噪声和不能抑制共模干扰等问题，因此一般用于 20m 以内的通信。

（2）RS-485 接口规范。RS-485 标准最初由 EIA 于 1983 年制定并发布，后由通信工业协会修订后命名为 TIA/EIA-485-A，在实际中习惯上称之为 RS-485。RS-485 是为弥补 RS-232 的不足而提出的。为改进 RS-232 通信距离短、速率低的缺点，RS-485 定义了一种平衡通信接口，将传输速率提高到 10Mbit/s，传输距离延长到 4000 英尺（速率低于 100kbit/s 时），并允许在一条平衡线上连接最多 10 个接收器。RS-485 是一种单机发送、多机接收的单向、平衡传输规范，为扩展应用范围，随后又增加了多点、双向通信能，即允许多个发送器连接到同一条总线上，同时增加了发送器的驱动能力和冲突保护特性，扩展了总线共模范围，其特点如下。

1）差分平衡传输。

2）多点通信。

3）驱动器输出电压（带载）：≥｜1.5V｜。

4）接收器输入门限：±200mV。

5）-7V 至+12V 总线共模范围。

6）最大输入电流：1.0mA/-0.8mA（12Vin/-7Vin）。

7）最大总线负载：32 个单位负载（UL）。

8）最大传输速率：10Mbit/s。

9）最大电缆长度：4000 英尺（3000m）。

RS-485 接口是采用平衡驱动器和差分接收器的组合，抗共模干能力更强，即抗噪声干扰性好。RS-485 的电气特性用传输线之间的电压差表示逻辑信号，逻辑"1"以两线间的电压差为+2~+6V 表示；逻辑"0"以两线间的电压差为-2~-6V 表示。

RS-232-C 接口在总线上只允许连接 1 个收发器，即一对一通信方式。而 RS-485 接口在总线上允许最多 128 个收发器存在，具备多站能力，基于 RS-485 接口，可以方便组建设备通信网络，实现组网传输和控制。

由于 RS-485 接口具有良好的抗噪声干扰性，使之成为远传输距离、多机通信的首选串行接口。RS-485 接口使用简单，可以用于半双工网络（只需 2 条线），也可以用于全双工通信（需 4 条线）。RS-485 总线对于特定的传输线径，从发送端到接收端数据信号传输所允许的最大电缆长度是数据信号速率的函数，这个长度数据主要受信号失真及噪声等影响所限制，所以实际中 RS-485 接口均采用屏蔽双绞线作为传输线。

RS-485 允许总线存在多主机负载，其仅仅是一个电气接口规范，只规定了平衡驱动器和接收器的物理层电特性，而对于保证数据可靠传输和通信的连接层、应用层等协议并没有定义，需要用户在实际使用中予以定义。Modbus、RTU 等是基于 RS-485 物理链路的常见的通信协议。

（3）串行通信接口电平转换。

1）TTL/CMOS 电平与 RS-232 电平转换。TTL/CMOS 电平采用的是 0~5V 的正逻辑，即 0V 表示逻辑 0，5V 表示逻辑 1，而 RS-232 采用的是负逻辑，逻辑 0 用+5~ +15V 表示，逻辑 1 用-15~-5V 表示。在 TTL/CMOS 的中，如果使用 RS-232 串行口进行通信，必须进行电平转换。MAX232 是一种常见的 RS-232 电平转换芯片，单芯片解决全双工通信方案，单电源工作，外围仅需少数几个电容器即可。

2）TTL/CMOS 电平与 RS-485 电平转换。RS-485 电平是平衡差分传输的，而 TTL/CMOS 是单极性电平，需要经过电平转换才能进行信号传输。常见的 RS-485 电平转换芯片有

MAX485、MAX487 等。

二、Arduino Mega2560 的串口

1. Arduino Mega2560 的串口引脚

Arduino Mega2560 的串口引脚位于串口 0 的 0（RX）和 1（TX）；串口 1 的 19（RX）和 18（TX）；串口 2 的 17（RX）和 16（TX）；串口 3 的 15（RX）和 14（TX）共 8 个引脚上。其中串口 0 与内部 ATmega8U2 USB-to-TTL 芯片相连，提供 TTL 电压水平的串口接收信号。

Arduino 的 USB 口通过一个转换芯片与这两个串口引脚连接，该转换芯片通过 USB 接口在计算机上虚拟一个用于与 Arduino 通信的串口。

当用户使用 USB 线将 Arduino Mega2560 控制板与计算机连接时，两者之间就建立了串口通信连接，Arduino Mega2560 就可以与计算机传送数据了。

2. 串口函数

（1）串口通信初始化函数 Serial. begin（）。要使用 Arduino Mega2560 的串口，需要首先使用串口通信初始化函数 Serial. begin（speed），其中参数 speed 用于设定串口通信的波特率，使 Arduino Mega2560 的串口通信速率与计算机相同。

波特率表示每秒传送数据的 bit 的个数，它是衡量通信速率的参数。一般设定串口通信的波特率为 9600bit/s。Arduino Mega2560 的串口可以设置的波特率有 300、600、1200、2400、4800、9600、14400、19200、28800、38400、57600 和 115200，数值越大，串口通信速率越高。

（2）串口输出函数。

1）基本输出函数 Serial. print（）。基本输出函数 Serial. print（）用于 Arduino 向计算机发送信息，一般格式为：

```
Serial.print(val)
Serial.print(val,format)
```

其中，参数 val 是输出的数据，各种数据类型均可以。format 表示输出的数据形式，包括 BIN（二进制）、DEC（十进制）、OCT（八进制）、HEX（十六进制）。或指定输出的浮点型数带有小数点的位数（默认是 2 位），如 Serial. print（2.1234，2），输出"2.12"。

2）带换行输出函数 Serial. println（）。带换行输出函数 Serial. println（）用于 Arduino 向计算机发送信息，与基本输出不同的是，Serial. println（）在输出数据完成后，再输出一组回车换行符。

语法：

```
Serial.println(val)
Serial.println(val,format)
```

其中，参数 val 是输出的数据，各种数据类型均可以。format 表示输出的数据形式，包括 BIN（二进制）、DEC（十进制）、OCT（八进制）、HEX（十六进制）。或指定输出的浮点型数带有小数点的位数（默认是 2 位），如 Serial. print（2.1234，2），输出"2.12"。

注意：Serial. println（）中 print 后的英文字符是 L 的小写，不是英文字符 I。写错了，Arduino IDE 软件会显示编译出错。

（3）串口输入函数 Serial. read（）。串口输入函数 Serial. read（）用于接收来自计算机的数据，每次调用 Serial. read（）串口输入函数语句，从计算机接收 1 个字节的数据。同时，从接收缓冲区移除 1 字节的数据。

语法：

```
Serial.read()
```

该函数无参数。返回值为进入串口缓冲区的第1个字节；如果没有可读数据，则返回-1。

（4）接收字节数函数 Serial.available（）。通常在使用串口输入函数 Serial.read（）时，需要配合 Serial.available（）函数一起使用。Serial.available（）函数的返回值是当前缓冲区接收数据字节数。

Serial.available（）函数配合 if 条件或 while 循环语句使用，先检测缓冲区是否有可读数据，如有数据，则读取，如果没数据，则跳过读取或等待读取。

例如：

```
if(Serial.available()>0)或 while(Serial.available()>0)
```

3. 串口输出应用程序

对于 Arduino Mega2560，由于具有4个串口，上述串口函数在使用时，串口0直接使用上述函数，其他串口在使用时，添加对应的串口号，如串口1使用时，对应的函数时 Serial1.begin（）、Serial1.read（）、Serial1.print（）、Serial1.available（）等，其余类推。

利用串口0输出的应用程序如下：

```
int count;
void setup(){
  //初始化串口参数
  Serial.begin(9600);
}
void loop(){
count=count+1;                //计数变量加1
Serial.print(count);          //打印计数变量值
Serial.print(' :' );          //在计数值后,打印":"号
Serial.println("hellow");     //打印输出 hellow 后,换行
delay(1000);                  //延时 1s
}
```

4. 串口输入应用程序
串口输入应用程序如下。

```
//初始化函数
void setup(){
  Serial.begin(9600);                  //设定串口通信比特率
}
//主循环函数
void loop(){
if(Serial.available()>0){
char val=Serial.read();              //读取输入信息
Serial.print(val);                   //输出信息
}
}
```

程序下载后，打开串口调试器，在串口调试器的右下角有两个下拉菜单，一个设置结束符，另一个设置波特率。可以选择设置"BOTH NL&CR"换行和回车，如图6-8所示。

图6-8　设置"BOTH NL&CR"换行和回车

三、串口通信控制 LED

1. 控制要求

通过串口发送数据，控制 LED，通过串口接收函数接收数据，当接收到数据为"a"时，点亮 LED，接收到数据"c"时，关闭 LED。

2. 串口通信控制 LED 程序

```
//初始化函数
void setup(){
  Serial.begin(9600);              //设定串口通信波特率
  pinMode(13,OUTPUT);              //设置13号引脚为输出
}
//主循环函数
void loop(){
  if(Serial.available()>0){        //检测缓冲区是否有数据
    char val=Serial.read();        //读取输入信息
    Serial.print(val);             //发送数据
    Serial.print(' ');             //发送空格
    if(val=='a'){                  //如果数据是a
      digitalWrite(13,HIGH);       //驱动 LED
      Serial.print("LED is ON");   //输出数据 LED is ON
    }
    else if(val=='c'){             //如果数据是c
      digitalWrite(13,LOW);        //关闭 LED
      Serial.print("LED is OFF");  //输出数据 LED is OFF
    }
  }
}
```

四、Arduino Mega2560 与 arduino UNO 的通信

1. 控制要求

（1）Arduino Mega2560 控制板串口 2 与 arduino UNO 控制板的串口连接。

（2）Arduino Mega2560 控制板引脚 2、3 连接按钮 S1、S2。

（3）按下按钮 S1 时，通过 Arduino Mega2560 串口 2 发送字符 'a'，并点亮引脚 13 的 LED 灯。

（4）按下按钮 S2 时，通过 Arduino Mega2560 串口 2 发送字符 'c'，并熄灭引脚 13 的 LED 灯。

（5）arduino UNO 控制板接收到 Arduino Mega2560 串口 2 发送字符 'a'，点亮 arduino UNO 控制板引脚 13 的 LED 灯。

（6）arduino UNO 控制板接收到 Arduino Mega2560 串口 2 发送字符 'c'，熄灭 arduino UNO 控制板引脚 13 的 LED 灯。

2. 控制程序

（1）Arduino Mega2560 板串口 2 控制程序。

```
int keypin1=2;                          //设定控制 KEY1 引脚号
int keypin2=3;                          //设定控制 KEY2 引脚号
void setup(){
pinMode(keypin1,INPUT_PULLUP);          //设定 KEY1 的输入上拉模式
pinMode(keypin2,INPUT_PULLUP);          //设定 KEY2 的输入上拉模式
Serial2.begin(9600);                    //设定串口通信波特率
pinMode(13,OUTPUT);                     //设定引脚 13 为输出
}
void loop(){
  if(0==digitalRead(keypin1))           //读 KEY1 的状态
  {delay(5);                            //延时 5ms
    if(0==digitalRead(keypin1)){        //读 KEY1 的状态
      Serial2.print('a');               //串口 2 发送字符 a
      digitalWrite(13,HIGH);            //点亮 LED
      while(!digitalRead(keypin1));     //等待 KEY1 弹起
    }
  }
  if(0==digitalRead(keypin2))           //读 KEY2 的状态
  {delay(5);                            //延时 5ms
    if(0==digitalRead(keypin2)){        //读 KEY2 的状态
      Serial2.print('c');               //串口 2 发送字符 c
      digitalWrite(13,LOW);             //熄灭 LED
      while(!digitalRead(keypin2));     //等待 KEY2 弹起
    }
  }
}
```

（2）Arduino UNO 板串口控制程序。

```
//初始化函数
void setup(){
  Serial.begin(9600);                    //设定串口通信波特率
  pinMode(13,OUTPUT);                    //设置13号引脚为输出
}
//主循环函数
void loop(){
  if(Serial.available()>0){              //检测缓冲区是否有数据
    char val=Serial.read();              //读取输入信息
    Serial.print(val);                   //发送数据
    Serial.print(' ');                   //发送空格
    if(val=='a'){                        //如果数据是 a
      digitalWrite(13,HIGH);             //驱动 LED
      Serial.print("LED is ON");         //输出数据 LED is ON
    }
    else if(val=='c'){                   //如果数据是 c
      digitalWrite(13,LOW);              //关闭 LED
      Serial.print("LED is OFF");        //输出数据 LED is OFF
    }
  }
}
```

技能训练

一、训练目标

（1）学会使用 Arduino 控制器的硬件串口。

（2）通过 Arduino 控制器的串口控制 LED 灯显示。

二、训练步骤与内容

1. 建立一个工程

（1）在 E 盘 A2560 文件夹，新建一个文件夹 F01。

（2）启动 Arduino 软件。

（3）选择"文件"→"New"自动创建一个新项目。

（4）选择"文件"→"另存为"，打开另存为对话框，选择另存的文件夹 F01，打开文件夹 F01，在文件名栏输入"F001"，单击"保存"按钮，保存 F001 项目文件。

2. 编写程序文件

在 F001 项目文件编辑区输入"串口输出应用"程序，单击工具栏上的""按钮，保存项目文件。

3. 编译程序

（1）单击"工具"→"板"，在右侧出现的板选项菜单中选择"Arduino Mega2560"。

（2）单击"项目"→"验证/编译"，或单击工具栏的"验证/编译"按钮，Arduino 软件首先验证程序是否有误，若无误，程序自动开始编译程序。

（3）等待编译完成，在软件调试提示区，观看编译结果。

4. 调试

下载程序后，打开 Arduino 软件的串口监视器，观察串口监视器的数据变化。

5. 串口输入函数应用

（1）在 E 盘 A2560 文件夹，新建一个文件夹 F02。

（2）打开文件夹 F02，新建一个项目文件，另存为 F002。

（3）在文件输入窗口，输入"串口输入应用"程序。

（4）编译下载程序。

（5）打开 Arduino 软件的串口监视器。

（6）在串口监视器的右下角，在结束符下拉列表中选择"BOTH NL&CR"换行和回车。

（7）在数据发送区，输入字符"abcd"，单击"发送"按钮，观察串口监视器的数据变化。

6. 串口通信控制 LED

（1）在 E 盘 A2560 文件夹，新建一个文件夹 F03。

（2）打开文件夹 F03，新建一个项目文件，另存为 F003。

（3）在文件输入窗口，输入"串口通信控制 LED"程序。

（4）编译下载程序。

（5）打开 Arduino 软件的串口监视器。

（6）在串口监视器的右下角，在结束符下拉列表中选择"BOTH NL&CR"换行和回车。

（7）在数据发送区，输入字符"a"，单击"发送"按钮，观察串口监视器的数据变化，观察 Arduino 控制板上 LED 状态变化。

（8）在数据发送区，输入字符"c"，单击"发送"按钮，观察串口监视器的数据变化，观察 Arduino 控制板上 LED 状态变化。

三、Arduino Mega2560 与 arduino UNO 的通信

1. 输入程序

（1）在 E 盘 A2560 文件夹，新建一个文件夹 F05。

（2）打开文件夹 F05，新建一个项目文件，另存为 F5S1。

（3）在文件输入窗口，输入"Arduino Mega2560 板串口 2 控制"程序，并保存程序。

（4）打开文件夹 F05，新建一个项目文件，另存为 F5S0。

（5）在文件输入窗口，输入"Arduino UNO 板串口控制"程序，并保存程序。

2. 下载程序

（1）将 Arduino Mega2560 板串口 2 控制程序下载到 Arduino Mega2560 控制板。

（2）将 Arduino UNO 板串口控制程序下载到 Arduino UNO 控制板。

3. 调试

（1）电路连接。

1）Arduino Mega2560 控制板串口 2 与 Arduino UNO 控制板的串口连接，Arduino Mega2560 控制板串口 2 的 RX2 与 Arduino UNO 控制板的 TX0（引脚 1）连接，Arduino Mega2560 控制板串口 2 的 TX2 与 Arduino UNO 控制板的 RX0（引脚 0）连接，Arduino Mega2560 控制板地线 GND 连接 Arduino UNO 控制板的地线 GND。

2）Arduino Mega2560 控制板的引脚 2、3 分别连接按钮 S1、S2。

3）Arduino Mega2560 控制板 USB 接线连接电脑的一个 USB 端口。

4）Arduino UNO 控制板 USB 接线连接电脑的另一个 USB 端口。

（2）通信调试。

1）按下按钮 S1 时，通过 Arduino Mega2560 串口 2 发送字符 'a'，观察 Arduino Mega2560 引脚 13 的 LED 灯的状态，观察 Arduino UNO 控制板引脚 13 的 LED 灯的状态。

2）按下按钮 S2 时，通过 Arduino Mega2560 串口 2 发送字符 'c'，观察 Arduino Mega2560 引脚 13 的 LED 灯的状态，观察 Arduino UNO 控制板引脚 13 的 LED 灯的状态。

3）通过与 Arduino UNO 串口 USB 调试窗口，观察 Arduino UNO 板接收的信息。

任务 13　使用串口类库

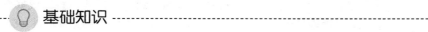

💡 基础知识

一、硬件串口通信——HardwareSerial 类库的使用

1. HardwareSerial 类库成员函数

HardwareSerial 类库位于 Arduino 核心库中，Arduino 默认包含 HardwareSerial 类库，不需要使用 inclede 语句进行调用。HardwareSerial 类库包括 available（）、begin（）、end（）、find（）、findUntil（）、flush（）、parseFlloat（）、parseInt（）、peek（）print（）、printIn（）、reead（）、readByte（）、readByteUntil（）、setTimeout（）、write（）等函数。

（1）获取串口接收到数据个数函数 available（）。available（）用于获取串口接收到数据个数函数，即获取串口接收缓冲区中的字节数。串口接收缓冲区最大可保存 64Byte 的数据。

语法：

```
Serial.available();
```

参数：无。返回值为可读取的字节数。

（2）初始化串口函数 begin（）。初始化串口函数 begin（）可以配置串口的各项参数。

语法：

```
参数:Serial.begin(speed);或 Serial.begin(speed,config);
```

speed：波特率。

Config：用于配置数据位、校验位、停止位配置。

（3）结束串口通信函数 end（）。使用结束串口通信函数 end（），可以释放该串口所在的数字引脚，使它可作一般数字引脚使用。

语法：

```
Serial.end();
```

无参数，返回值。

（4）从串口缓冲区读取数据函数 find（）。该函数从串口缓冲区读取数据，直到读到指定的字符串。

语法：

```
Serial.find(target)
```

参数 target：要搜素的字符串。

返回值：true 表示找到，false 表示没找到。

（5）直到从串口缓冲区读取数据函数 findUntil（target，terminal）。该函数从串口缓冲区读取数据，直到读到指定的字符串或指定的停止符。

语法：

```
Serial.findUntil(target)
```

参数：

target：要搜素的字符串。

terminal：停止符。

（6）flush（）。该函数等待正在发送的数据发送完成。

语法：

```
Serial.flush()
```

参数：无。

（7）parseFloat（）。该函数从串口缓冲区返回第一个有效的 float 型数据。

语法：

```
Serial.parseFloat()
```

参数：无。

返回值：float 型数据。

（8）parseInt（）。该函数从串口流中查找第一个有效的整型数据。

语法：

```
Serial.parseInt()
```

返回值：int 型数

（9）peek（）。该函数返回 1 字节的数据，但不会从接收缓冲区删除该数据，与 read（）函数不同，read（）函数读取数据后，会从接收缓冲区删除该数据。

语法：

```
Serial.read()
```

参数：无。

返回值：进入接收缓冲区的第 1 字节的数据；如果没有可读数据，则返回−1。

（10）print（）。该函数用于向计算机发送信息。

语法：

```
Serial.print(val)
Serial.print(val,format)
```

参数：

val：输出的数据，各种数据类型均可以。

format：表示输出的数据形式，包括 BIN（二进制）、DEC（十进制）、OCT（八进制）、HEX（十六进制）。或指定输出的浮点型数带有小数点的位数（默认是 2 位），如 Serial.print（2.1234，2），输出 "2.12"。

（11）println（）。该函数是带换行输出函数，用于向计算机发送信息，与基本输出不同的是，Serial. println（）在输出数据完成后，再输出一组回车换行符。

语法：

```
Serial.println(val)
Serial.println(val,format)
```

参数：

val：输出的数据，各种数据类型均可以。

format：表示输出的数据形式，包括 BIN（二进制）、DEC（十进制）、OCT（八进制）、HEX（十六进制）。或指定输出的浮点型数带有小数点的位数（默认是 2 位），如 Serial. println（2. 1234，2），输出"2. 12"。

（12）read（）。该函数是串口输入函数，用于接收来自计算机的数据，每次调用 Serial. read（）串口输入函数语句，从计算机接收 1 个字节的数据。同时，从接收缓冲区移除 1 字节的数据。

语法：

```
Serial.read()
```

参数：无

返回值：进入串口缓冲区的第 1 个字节；如果没有可读数据，则返回-1。

（13）readByte（）。该函数从接收缓冲区读取指定长度的字符，并将其存入一个数组中。若等待数据时间超过设定的超时时间，则退出该函数。

语法：

```
Serial.readBytes( buffer,length)
```

参数：

buffer：用于存储数据的数组（char []或 bety []）。

length：需读取的字符长度。

返回值：读到的字节数；如果没有找到有效的数据，则返回 0。

（14）readByteUntil（）。该函数从接收缓冲区读取指定长度的字符，并将其存入一个数组中。若读到停止符，或者等待数据时间超过设定的超时时间，则退出该函数。

语法：

```
Serial.readByteUntil( character,buffer,length)
```

参数：

character：停止符。

buffer：用于存储数据的数组（char []或 bety []）。

length：需读取的字符长度。

返回值：读到的字节数；如果没有找到有效的数据，则返回 0。

（15）setTimeout（）。该函数设置超时时间。用于设置 Serial. readBytesUntil（）函数和 Serial. readBytes（）函数的等待串口数据时间。

语法：

```
Serial.setTimeout(time)
```

参数：

time：超时时间。

返回值：无

（16）write（）。该函数输出数据到串口。以字节形式输出到串口。

语法：

```
Serial.Write(val)
Serial.Write(str)
Serial.Write(buf,len)
```

参数：

val：发送的数据。

str：String 型的数据。

buf：数组型的数据。

Len：缓冲区的长度。

返回值：输出的字节数。

write（）与 print（）均可以向计算机输出数据，但输出形式不相同。

当使用 print（）发送数据时，Arduino 发送的不是数据本身，而是将数据转换为字符，再将字符对应的 ASCII 码发送出去，串口接收到 ASCII 码，则会显示对应的字符。

当使用 write（）发送数据时，Arduino 发送的是数据本身，串口接收到数据后，会将数据当作 ASCII 码而显示对应的字符。

2. 串口读取字符串

当使用串口读取函数 read（）时，每次只能读取 1 字节的数据，如果要读取一个字符串，可以使用复合赋值 "+=" 运算将字符一次添加到字符串中。

示例程序如下：

```
void setup(){
  Serial.begin(9600);
}
void loop(){
  String inputStr="";
  while(Serial.available()>0){
    char inputChar=Serial.read();
    inputStr +=(char)inputChar;
    delay(8);                    //延时函数保证输入字符完全进入接收缓冲区
    }
  if(inputStr! =""){             //检测是否有数据,如果接收到数据,则输出数据
    Serial.print("INPUT STRING:");
    Serial.println(inputStr);
    }
  }
```

下载程序到 Arduino Mega2560，打开串口监视器，输入任意字符，则会看到用户输入的数据，如图 6-9 所示。

上述程序使用 delay（8），它在读取字符串时很重要。可以试试删除 delay（8）后，并下

载运行修改的程序，打开串口监视器，输入任意字符，则会看到图6-10所示的运行结果。这是因为 Arduino 运行速度快，当 Arduino 读完一个字符后，进入下一次 while 循环时，输入数据还没有进入 Arduino 的串口缓冲区，串口没有接收到下一个字符，此时的 Serial. available（）返回值是 0，而 Arduino 在第 2 次运行 loop（）函数时，Serial. available（）不为 0，检测到新字符，才输出后续的字符。

图 6-9　串口读取数据　　　　　　　　图 6-10　删除延时函数读到的结果

3. 串口事件

在 Arduino 1.0 后版本中，增加了 SerialEvent（）事件，在 Arduino 中，SerialEvent（）并非真正的事件，无法做到实时响应。但使用 SerialEvent（）事件可改善程序结构，使程序清晰。

SerialEvent（）事件函数的功能是：当串口接收缓冲区中有数据时，触发该事件。

语法：

```
SerialEvent(){}
```

当我们定义了一个 SerialEvent（）函数时，便启用了该事件。当串口缓冲区接收到数据，存在数据时，该函数就运行。

需要注意的是，这里的 SerialEvent（）事件并不立即执行，它是在两次 loop（）函数循环间检测串口缓冲区是否有数据，有数据时才调用该函数。

应用程序如下：

```
String inputString="";               //保存输入数据字符串变量
boolean stringComplete=false;        //字符串是否接收完全变量

void setup(){
  Serial. begin(9600);               //串口初始化
    inputString. reserve(100);       //设置字符串存储量为100字节
}
void loop(){
  serialEvent();                     //调用串口事件
    //当接收到1行字符串时,输出该字符串
  if(stringComplete){
    Serial. println(inputString);
    inputString="";                  //清除字符串
    stringComplete=false;
```

```
    }
  }
  void serialEvent(){
    while(Serial.available()){
       char inChar=(char)Serial.read();        //读取字符
    // add it to the inputString:
    inputString+=inChar;                        //将读到的字符添加到inputString
    //if the incoming character is a newline,set a flag
    //so the main loop can do something about it:
    if(inChar=='\n'){                           //如果收到换行符
       stringComplete=true;                     //设置字符接收完成标志
    }
  }
}
```

下载程序到 Arduino Mega2560，打开串口监视器，输入任意字符，则会看到用户输入的数据，使用停止符结果如图 6-11 所示。

由于程序中要接收到停止符后才会结束读一次字符串的操作，并输出读到的字符串，而程序将换行符"\n"设置为停止符，因此需要在串口监视器下边的第一个下拉菜单中选择"换行符"才行。

4.串口缓冲区

Arduino 的串口缓冲区默认设置为 64 字节，当数据超过 64 字节后，Arduino 将最早存入缓冲区的数据丢弃。

图 6-11　使用停止符结果

通过宏定义的方式可以增加读写缓冲区的大小，Arduino 核心库中串口发送缓冲区宏名为 SERIAL_ TX_ BUFFER_ SIZE，接收缓冲区的宏名为 SERIAL_ RX_ BUFFER_ SIZE。

通过宏定义语句可以设置读写缓冲区的 128。

```
#define SERIAL_RX_BUFFER_SIZE 128
#define SERIAL_TX_BUFFER_SIZE 128
```

缓冲区实质是 Arduino 的 RAM 上开辟的临时存储空间，因此，其大小不可超过 Arduino 本身的 RAM 大小。由于 RAM 还要供其他数据存储，所以并不能将所有的 RAM 空间都给串口发送、接收缓冲区。

二、软件模拟串口通信——SoftwareSerial 类库的使用

Arduino 除 HardwareSerial 类库外，还提供了 SoftwareSerial 类库，可将其他数字引脚通过程序来模拟成串口通信引脚。

通常将 Arduino 上自带的串口称为硬件串口，而使用 SoftwareSerial 类库模拟成的串口称为

软件模拟串口（简称软串口）。

在 Arduino Mega2560 和其他使用 Atmega 328 做控制核心的 Arduino 上，只有引脚 0（RX）和引脚 1（TX）一组硬件串口，而这组串口又常用于与计算机进行通信。如果还要连接其他串口设备，则可以使用软件模拟串口。

1. SoftwareSerial 类库

软串口是由软件模拟生成的，使用起来没有硬件串口稳定，波特率越高，稳定性越差。

软件串口是由 AVR 单片机的 PCINT 中断功能实现的，在 Arduino Mega2560 板上，所有引脚都支持 PCINT 中断功能，因此其所有引脚都可以设置为软串口的接收端 RX 端。但在其他信号的 Arduino 上，不是每个引脚都支持 PCINT 中断功能，只有支持 PCINT 中断功能的引脚才可以设置为软串口的接收端。

SoftwareSerial 类库的使用受制于 AVR 单片机的硬件，具有一定的局限性。

2. SoftwareSerial 类库成员函数

SoftwareSerial 类库并非 Arduino 核心类库，因此在使用它之前需要先声明包含 SoftwareSerial.h 头文件。其中定义的成员函数与硬串口的类似，而 available（）、begin（）、read（）、write（）、print（）、println（），peek（）等函数的用法也相同。

此外软串口还有如下成员函数。

（1）SoftwareSerial（）。该函数是 SoftwareSerial 类的构造函数，通过它可以指定软串口的 RX 和 TX 引脚。

语法：

```
SoftwareSerial mySerial=SoftwareSerial(rxPin,txPin)
SoftwareSerial mySerial(rxPin,txPin)
```

参数：

mySerial：用户自定义软串口对象。

rxPin：软串口接收引脚。

txPin：软串口发送引脚。

（2）listen（）。该函数开启软串口监听状态。

Arduino 在同一时间仅能监听一个软串口，当需要监听某一软串口时，需要该对象调用此函数开启监听功能。

语法：

```
mySerial.listen()
```

参数：

mySerial：用户自定义的软串口对象。

返回值：无

（3）isListening（）。该函数监测软串口是否正处于监听状态。

语法：

```
mySerial.isListening()
```

参数：

mySerial：用户自定义的软串口对象。

返回值：boolean 型值，为真（true）表示正在监听，为假（false）表示没有监听。

（4）overflow（）。该函数检测缓冲区是否已经溢出。

软串口缓冲区最多可保存 64 字节的数据。

语法：

```
mySerial.overflow()
```

参数：

mySerial：用户自定义的软串口对象。

返回值：boolean 型值，为真（true）表示溢出，为假（false）表示没有溢出。

3. 建立模拟软串口

SoftwareSerial 类库并非 Arduino 核心类库，因此在使用它之前需要先声明包含 SoftwareSerial.h 头文件。然后才可以使用该库中的成员函数来初始化一个模拟软串口。

```
#include<SoftwareSerial.h>                 //包含头文件
SoftwareSerial mysoftSerial=SoftwareSerial(2,3);
//新建一个对象 mysoftSerial,设置引脚 2 为 RX,引脚 3 为 TX。
void setup(){
    Serial.begin(9600);                   //硬件串口初始化
  mysoftSerial.begin(9600);               //模拟软串口初始化
mysoftSerial. listen();                   //监听软串口通信
  }
```

在软串口和硬串口的使用中，对那个对象操作，就必须在成员函数前加上对象名。软串口名不能与硬串口 Serial 同名。

当连接有多个串口设备时，可以建立多个软串口，但受制于软串口的使用原理，Arduino 每次只可以监听一个软串口，使用 listen（）函数时，必须指定需要监听的对象，且每个软串口分别使用不同串口名。

 技能训练

一、训练目标

（1）学会使用 Arduino 控制器的硬件串口。

（2）学会 Arduino 控制器的串口函数的使用。

二、训练步骤与内容

1. 建立一个工程

（1）在 E 盘 A2560 文件夹，新建一个文件夹 F04。

（2）启动 Arduino 软件。

（3）选择"文件"→"New"，自动创建一个新项目。

（4）选择"文件"→"另存为"命令，打开另存为对话框，选择另存的文件夹 F04，打开文件夹 F04，在文件名栏输入"F004"，单击"保存"按钮，保存 F004 项目文件。

2. 编写程序文件

在 F004 项目文件编辑区输入"串口读取字符串"程序，单击工具栏上的" 💾 "按钮，保存项目文件。

3. 编译程序

（1）单击"工具"→"板"，在右侧出现的板选项菜单中选择"Arduino Mega2560"。

（2）单击"项目"→"验证/编译"，或单击工具栏的"验证/编译"按钮，Arduino 软件首先验证程序是否有误，若无误，程序自动开始编译程序。

（3）等待编译完成，在软件调试提示区，观看编译结果。

4. 调试

（1）下载程序，打开 Arduino 软件的串口监视器。

（2）设置在串口监视器下的第一个下拉菜单中选择"换行符"。

（3）在串口发送区键入任意字符。

（4）单击"发送"按钮，观察串口监视器的数据变化。

（5）删除程序中的延时函数，重新编译下载程序。

（6）在串口发送区键入任意字符，单击"发送"按钮，观察串口监视器的数据变化，比较两程序的输出数据的显示差异。

5. 使用软串口

（1）通过串口电缆和引线电缆将计算机与 Arduino Mega2560 软串口连接。

（2）根据软串口的引线设置模拟软串口的 RX、TX 端。

（3）设计软串口读入字符串程序，下载到 Arduino Mega2560 板。

（4）打开串口调试器，在串口发送区键入任意字符。

（5）单击"发送"按钮，观察串口监视器的数据变化。

习题 6

1. 使用串口事件读取字符串。

2. 使用 Arduino Mega2560 控制板 A 串口 1 与另一块 Arduino Mega2560 控制板 B 串口 2，进行串口通信实验。按下与 Arduino Mega2560 控制板 A 连接的按钮 S1，串口 1 发送字符 'a'，点亮 Arduino Mega2560 控制板 B 的引脚 13 连接的 LED。按下与 Arduino Mega2560 控制板 A 连接的按钮 S2，串口 1 发送字符 'c'，熄灭 Arduino Mega2560 控制板 B 的引脚 13 连接的 LED。

3. 通过软串口实现两 Arduino Mega2560 板的串口通信。

项目七　模拟量处理

学习目标

（1）学习运算放大器。
（2）学习模数转换与数模转换知识。
（3）应用 Arduino Mega2560 进行模拟量输出控制。
（4）应用 Arduino Mega2560 进行模拟输入控制。

任务14　模拟量输出控制

基础知识

一、模数转换与数模转换

1. 运算放大器

运算放大器，简称"运放"，是一种应用很广泛的线性集成电路，其种类繁多，在应用方面不但可对微弱信号进行放大，还可作为反相器、电压比较器、电压跟随器、积分器、微分器等，并可对信号做加、减运算，所以被称为运算放大器。其符号表示如图7-1所示。

2. 负反馈

放大电路如图7-2所示，输入信号电压 V_i（$=V_p$）加到运放的同相输入端"+"和地之间，输出电压 V_o 通过 R_1 和 R_2 的分压作用，得 $V_n = V_f = R_1 V_o / (R_1 + R_2)$，作用于反相输入端"-"，所以 V_f 在此称为反馈电压。

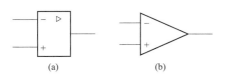

图7-1　运算放大器的符号

（a）国家标准规定的符号；（b）国内外常用符号

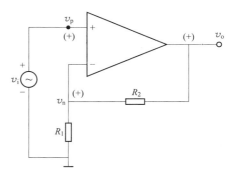

图7-2　同相运算放大电路

当输入信号电压 V_i 的瞬时电位变化极性如图中的（+）号所示，由于输入信号电压 V_i（V_p）加到同相端，输出电压 V_o 的极性与 V_i 相同。反相输入端的电压 V_n 为反馈电压，其极性亦为（+），而静输入电压 $V_{id} = V_i - V_f = V_p - V_n$ 比无反馈时减小了，即 V_n 抵消了 V_i 的一部分，使放大电路的输出电压 V_o 减小了，因而这时引入的反馈是负反馈。

综上，负反馈作用是利用输出电压 V_o 通过反馈元件（R_1、R_2）对放大电路起自动调节作用，从而牵制了 V_o 的变化，最后达到输出稳定平衡。

3. 同相运算放大电路

提供正电压增益的运算放大电路称之为同相运算放大电路，如图7-2所示。

在图7-2中，输出通过负反馈的作用，使 V_n 自动地跟踪 V_p，使 $V_p \approx V_n$，或 $V_{id} = V_p - V_n \approx 0$。这种现象称为虚假短路，简称虚短。

由于运放的输入电阻的阻值又很高，所以，运放两输入端的 $I_p = -I_n = (V_p - V_n)/R_i \approx 0$，这种现象称为虚断。

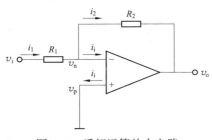

图7-3 反相运算放大电路

4. 反相运算放大电路

提供负电压增益的运算放大电路称之为反相运算放大，如图7-3所示。

在图7-3中，输入电压 V_i 通过 R_1 作用于运放的反相端，R_2 跨接在运放的输出端和反相端之间，同相端接地。由虚短的概念可知，$V_n \approx V_p = 0$，因此反相输入端的电位接近于地电位，故称虚地。虚地的存在是反相放大电路在闭环工作状态下的重要特征。

5. D/A 数模转换

数模转换即将数字量转换为模拟量（电压或电流），使输出的模拟电量与输入的数字量成正比。实现数模转换的电路称为数模转换器（Digital-Analog Converter），简称 D/A 或 DAC。

6. A/D 数模转换

模数转换是将模拟量（电压或电流）转换成数字量。这种模数转换的电路成为模数转换器（Analog-Digital Converter），简称 A/D 或 ADC。

二、工作原理

1. D/A 转换原理

（1）实现 D/A 转换的基本原理。将二进制数 $N_D = (110011)_B$ 转换为十进制数。

$$N_D = 1 \times 2^5 + 1 \times 2^4 + 0 \times 2^3 + 0 \times 2^2 + 1 \times 2^1 + 1 \times 2^0 = 51$$

数字量是用代码按数位组合而成的，对于有权码，每位代码都有一定的权值，如能将每一位代码按其权的大小转换成相应的模拟量，然后，将这些模拟量相加，即可得到与数字量成正比的模拟量，从而实现数字量—模拟量的转换。

（2）D/A 的转换组成部分。D/A 结构如图7-4所示。

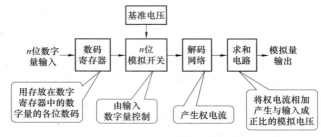

图7-4 D/A 转换结构图

（3）实现 D/A 转换的原理电路（见图7-5）。

$$v_O = -R_f(i_3 + i_2 + i_1 + i_0)$$

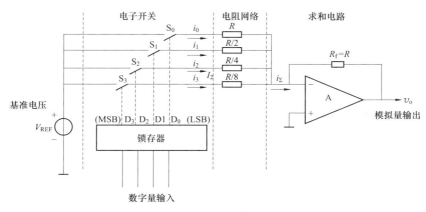

图 7-5　D/A 转换的原理电路

其中：$i_0 = \dfrac{V_{REF}D_0}{R}$；$i_1 = \dfrac{2V_{REF}D_1}{R}$；$i_2 = \dfrac{4V_{REF}D_2}{R}$；$i_3 = 8\dfrac{V_{REF}D_3}{R}$。

$$V_0 = -R_f(i_0 + i_1 + i_2 + i_3) = V_{REF}(D_3 2^3 + D_2 2^2 + D_1 2^1 + D_0 2^0)$$

（4）D/A 转换器的种类。D/A 转换器的种类很多，例如：T 型电阻网络、倒 T 型电阻网络、权电流、权电流网络、CMOS 开关型等。这里以到 T 型电阻网络和权电流法为例来讲述 D/A 转换器的原理。

1）4 位倒 T 型电阻网络 D/A 转换器（见图 7-6）。

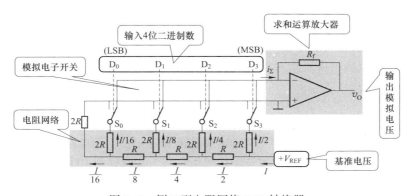

图 7-6　倒 T 型电阻网络 D/A 转换器

说明：$D_i = 0$，S_i 则将电阻 2R 接地；$D_i = 1$，S_i 接运算放大器的反向端，电流 I_i 流入求和电路。根据运放线性运用时虚地的概念可知，无论模拟开关 S_i 处于何种位置，与 S_i 相连的 2R 电阻将接"地"或虚地。

这样，就可以算出各个支路的电流以及总电流。其电流分别为：$I_3 = V_{REF}/2R$、$I_2 = V_{REF}/4R$、$I_1 = V_{REF}/8R$、$I_0 = V_{REF}/16R$、$I = V_{REF}/R$。

从而流入运放的总的电流为

$$i_\Sigma = I_0 + I_1 + I_2 + I_3 = V_{REF}/R\ (D_0/2^4 + D_1/2^3 + D_2/2^2 + D_3/2^1)$$

则输出的模拟电压为

$$v_o = -i_\Sigma R_f = -\frac{R_f}{R} \cdot \frac{V_{REF}}{2^4} \sum_{i=0}^{3}(D_i \cdot 2^i)$$

电路特点：①电阻种类少，便于集成；②开关切换时，各点电位不变，因此速度快。

2）权电流 D/A 转换器（见图7-7）。

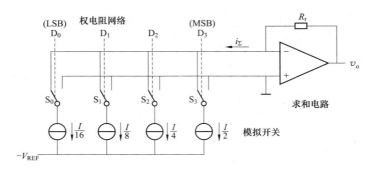

图7-7　权电流 D/A 转换器

说明：$D_i = 1$ 时，开关 S_i 接运放的反相端；$D_i = 0$ 时，开关 S_i 接地。

$$v_o = -I_\Sigma R_f = -R_f (D_3 I/2 + D_2 I/4 + D_1 I/8 + D_0 I/16)$$

此时令 $R_0 = 2^3 R$、$R_1 = 2^2 R$、$R_2 = 2^1 R$、$R_1 = 2^0 R$、$R_f = 2^{-1} R$。代入上式，得

$$V_o = -V_{REF}/2^4 (D_3 2^3 + D_2 2^2 + D_1 2^1 + D_0 2^0)$$

电路特点：①电阻数量少，结构简单；②电阻种类多，差别大，不易集成。

（5）D/A 转换的主要技术指标。

1）分辨率。分辨率的定义为 D/A 转换器模拟输出电压可能被分离的等级数。n 位 DAC 最多有 2^n 个模拟输出电压。位数越多 D/A 转换器的分辨率越高。

分辨率也可以用能分辨的最小输出电压（$V_{REF}/2^n$）与最大输出电压 $[(V_{REF}/2^n)(2^n-1)]$ 之比给出。n 位 D/A 转换器的分辨率可表示为 $1/(2^n-1)$。

2）转换精度。转换精度是指对给定的数字量，D/A 转换器实际值与理论值之间的最大偏差。

2. A/D 转换

A/D 是能将模拟电压成正比地转换成对应的数字量。其 A/D 转换器分类和特点如下。

（1）并联比较型。特点是转换速度快，转换时间 10ns~1μs，但电路复杂。

（2）逐次逼近型。特点是转换速度适中，转换时间为几微秒到 100μs，转换精度高，在转换速度和硬件复杂度之间达到一个很好的平衡。

（3）双积分型。特点是转换速度慢，转换时间几百毫秒到几毫秒，但抗干扰能力最强。

3. A/D 的一般转换过程

由于输入的模拟信号在时间上是连续量，所以一般的 A/D 转换过程为：采样、保持、量化和编码，其过程如图7-8所示。

（1）采样。采样是将随时间连续变化的模拟量转换为在时间上离散的模拟量。理论上来说，肯定是采样频率越高越接近真实值。采样原理图如图7-9所示。

采样定理：设采样信号 $S(t)$ 的频率为 f_s，输入模拟信号 $v_1(t)$ 的最高频率分量的频率为 f_{imax}，则 $f_s \geq 2f_{imax}$。

（2）取样，保持电路及工作原理。采得模拟信号转换为数字信号都需要一定时间，为了给后续的量化编码过程提供一个稳定的值，在取样电路后要求将所采样的模拟信号保持一段时间。保持电路如图7-10所示。

电路分析，取 $R_i = R_f$。N 沟道 MOS 管 T 作为开关用。当控制信号 v_L 为高电平时，T 导通，

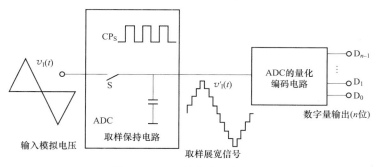

图 7-8　A/D 转换的一般过程

v_1 经电阻 R_i 和 T 向电容 C_h 充电。则充电结束后 $v_o = -v_1 = v_c$；当控制信号返回低电平后，T 截止。C_h 无放电回路，所以 v_o 的数值可被保存下来。取样波形图如图 7-11 所示。

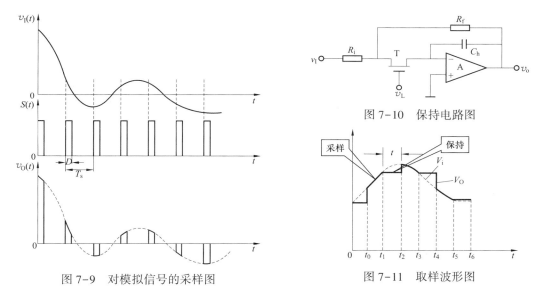

图 7-9　对模拟信号的采样图

图 7-10　保持电路图

图 7-11　取样波形图

（3）量化和编码。数字信号在数值上是离散的。采样—保持电路的输出电压还需按某种近似方式归化到与之相应的离散电平上，任何数字量只能是某个最小数量单位的整数倍。量化后的数值最后还需通过编码过程用一个代码表示出来。经编码后得到的代码就是 A/D 转换器输出的数字量。

近似量化方式有只舍不入量化方式和四舍五入量化方式两种。

1）只舍不入量化方式。量化过程将不足一个量化单位部分舍弃，对于等于或大于一个量化单位部分按一个量化单位处理。

2）四舍五入量化方式。量化过程将不足半个量化单位部分舍弃，对于等于或大于半个量化单位部分按一个量化单位处理。

例：将 0~1V 电压转换成 3 位二进制码。

只舍不入量化方式如图 7-12 所示。

四舍五入量化方式如图 7-13 所示。为了减小误差，显然四舍五入量化方式较好。

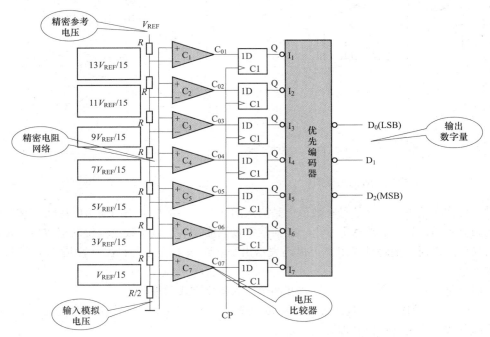

输入信号	量化后电压	编码
1		
$\frac{7}{8}$ V	$7\Delta = 7/8$ V	111
$\frac{6}{8}$ V	$6\Delta = 6/8$ V	110
$\frac{5}{8}$ V	$5\Delta = 5/8$ V	101
$\frac{4}{8}$ V	$4\Delta = 4/8$ V	100
$\frac{3}{8}$ V	$3\Delta = 3/8$ V	011
$\frac{2}{8}$ V	$2\Delta = 2/8$ V	010
$\frac{1}{8}$ V	$1\Delta = 1/8$ V	001
0	$0\Delta = 0$ V	000

图 7-12 只舍不入量化方式

输入信号	模拟电平	编码
1		
$\frac{13}{15}$ V	$7\Delta = 14/15$ V	111
$\frac{11}{15}$ V	$6\Delta = 12/15$ V	110
$\frac{9}{15}$ V	$5\Delta = 10/15$ V	101
$\frac{7}{15}$ V	$4\Delta = 8/15$ V	100
$\frac{5}{15}$ V	$3\Delta = 6/15$ V	011
$\frac{3}{15}$ V	$2\Delta = 4/15$ V	010
$\frac{1}{15}$ V	$1\Delta = 2/15$ V	001
0	$0\Delta = 0$ V	000

图 7-13 四舍五入量化方式

4. A/D 转换器简介

（1）并行比较型 A/D 转换器电路（见图 7-14）。根据各比较器的参考电压，可以确定输入模拟电压值与各比较器输出状态的关系。比较器的输出状态由 D 触发器存储，经优先编码器编码，得到数字量输出。其真值表见表 7-1。

图 7-14 并行比较型 A/D 转换器电路图

表 7-1   3 位并行 A/D 转换输入与输出对应表

输入模拟电压 v_i	代码转换器输入							数字量		
	Q7	Q6	Q5	Q4	Q3	Q2	Q1	D2	D1	D0
$(0 \leqslant v_i \leqslant 1/15)\ V_{REF}$	0	0	0	0	0	0	0	0	0	0

输入模拟电压 v_i	代码转换器输入							数字量		
	Q7	Q6	Q5	Q4	Q3	Q2	Q1	D2	D1	D0
$(1/15 \leqslant v_i \leqslant 3/15)\ V_{REF}$	0	0	0	0	0	0	1	0	0	1
$(3/15 \leqslant v_i \leqslant 5/15)\ V_{REF}$	0	0	0	0	0	1	1	0	1	0
$(5/15 \leqslant v_i \leqslant 7/15)\ V_{REF}$	0	0	0	0	1	1	1	0	1	1
$(7/15 \leqslant v_i \leqslant 9/15)\ V_{REF}$	0	0	0	1	1	1	1	1	0	0
$(9/15 \leqslant v_i \leqslant 11/15)\ V_{REF}$	0	0	1	1	1	1	1	1	0	1
$(11/15 \leqslant v_i \leqslant 13/15)\ V_{REF}$	0	1	1	1	1	1	1	1	1	0
$(13/15 \leqslant v_i \leqslant 1)\ V_{REF}$	1	1	1	1	1	1	1	1	1	1

单片集成并行比较型 A/D 转换器的产品很多，如 AD 公司的 AD9012（TTL 工艺，8 位）、AD9002（ECL 工艺，8 位）、AD9020（TTL 工艺，10 位）等。

其优点是转换速度快，缺点是电路复杂。

（2）逐次比较型 A/D 转换器。逐次逼近转换过程与用天平秤物体重量非常相似。转换原理如图 7-15 所示。

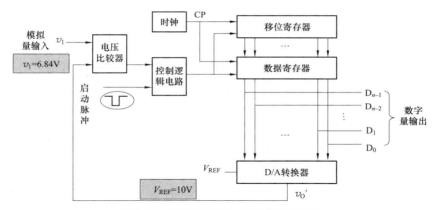

图 7-15　逐次比较型 A/D 转换原理图

逐次逼近转换过程和输出结果如图 7-16 所示。

逐次比较型 A/D 转换器输出数字量的位数越多转换精度越高；逐次比较型 A/D 转换器完成一次转换所需时间与其位数 n 和时钟脉冲频率有关，位数愈少，时钟频率越高，转换所需时间越短。

5. A/D 转换器的参数指标

（1）转换精度。

1）分辨率。分辨率说明 A/D 转换器对输入信号的分辨能力。一般以输出二进制（或十进制）数的位数表示。因为，在最大输入电压一定时，输出位数越多，量化单位越小，分辨率越高。

2）转换误差。转换误差表示 A/D 转换器实际输出的数字量和理论上的输出数字量之间的差别。常用最低有效位的倍数表示。

例如，相对误差 $\leqslant \pm LSB/2$，就表明实际输出的数字量和理论上应得到的输出数字量之间

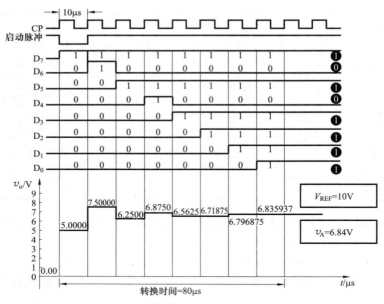

图 7-16 逐次比较型 A/D 转换过程和结果图

的误差小于最低位的半个字。

（2）转换时间。转换时间指从转换控制信号到来开始，到输出端得到稳定的数字信号所经过的时间。并行比较 A/D 转换器转换速度最高，逐次比较型 A/D 转换器较低。

三、Arduino Mega2560 的模拟量输出控制

1. Arduino 模拟量输出控制

Arduino Mega2560 模拟量输出控制是通过 anologWrite（）函数来实现的，该函数并不是输出真正意义上的模拟值，而是以一种脉宽调制 PWM（Puls Width Modulation）方式来达到输出模拟量的效果。

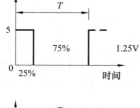

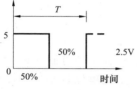

图 7-17 脉宽调制
PWM 模拟输出

当使用 anologWrite（）函数时，指定引脚通过高低电平的不断转换来输出周期固定（约 490Hz）的方波，通过改变改变高低电平的占空比（在每个周期所占的比例），而得到近似输出不同电压的目的，脉宽调制 PWM 模拟输出如图 7-17 所示。

需要注意的是，通过 PWM 得到的是近似模拟值输出的效果，要输出实际的模拟电压值，还需要在输出端加平滑滤波电路。

语法：anologWrite（pin, val）

参数：

pin：要输出 PWM 的引脚。

val：脉冲宽度，范围是 0~255。

大多数 Arduino 控制板的 PWM 输出引脚标记有 "~"。不同型号的 Arduino 对应不同位置和数量的 PWM 引脚，Arduino UNO 的引脚是 3、5、6、9、10、11。Arduino Mega2560 的引脚是 0~13，提供 8 位 PWM 输出，一般常用引脚 2~13，引脚 0、1 留作串口通信用。

2. 模拟输出控制 LED 灯

（1）模拟输出控制 LED 灯电路（见图 7-18）。

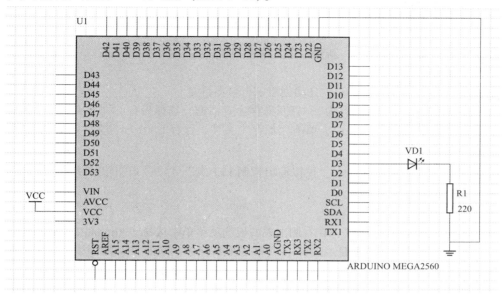

图 7-18　模拟输出控制 LED 灯电路

（2）控制程序。

```
int ledPin=3;                              //LED 连接在引脚 3
void setup(){
    // 不进行任何处理
}
void loop(){
    //从暗到亮,以每次亮度值加 5 的形式逐渐亮起:
    for(int ledValue=0 ;ledValue<=255;ledValue+=5){
        analogWrite(ledPin,ledValue);  //输出 PWM
        delay(50);                     //等待 50ms,以便观察渐变的效果
    }
    //从亮到暗,以每次亮度值减 5 的形式逐渐暗下来:
    for(int ledValue=255;ledValue>=0;ledValue-=5){
        //sets the value(range from 0 to 255):
        analogWrite(ledPin,ledValue);      //输出 PWM
        delay(50);                         //等待 50ms,以便观察渐变的效果
    }
}
```

⚙ **技能训练**

一、训练目标

（1）学会使用 Arduino 控制器的 PWM 端口。

（2）学会模拟输出控制 LED 灯。

二、训练步骤与内容

1. 建立一个工程

（1）在 E 盘 A2560 文件夹，新建一个文件夹 G01。

（2）启动 Arduino 软件。

（3）选择"文件"→"New"，自动创建一个新项目。

（4）选择"文件"→"另存为"，打开另存为对话框，选择另存的文件夹 G01，打开文件夹 G01，在文件名栏输入"G001"，单击"保存"按钮，保存 G001 项目文件。

2. 编写程序文件

在 G001 项目文件编辑区输入"模拟输出控制 LED 灯"程序，单击工具栏上的" "按钮，保存项目文件。

3. 编译程序

（1）单击"工具"→"板"，在右侧出现的板选项菜单中选择"Arduino Mega2560"。

（2）单击"项目"→"验证/编译"，或单击工具栏的"验证/编译"按钮，Arduino 软件首先验证程序是否有误，若无误，程序自动开始编译程序。

（3）等待编译完成，在软件调试提示区，观看编译结果。

4. 调试

（1）按图 7-18 连接模拟输出控制 LED 灯电路。

（2）通过 USB 将 Arduino Mega2560 板与计算机 USB 端口连接，接通 Arduino Mega2560 板电源。

（3）观察 Arduino Mega2560 板输出端连接的 LED 灯的亮度变化。

（4）修改程序，调整 PWM 宽度递增、递减数值，重新编译下载，观察 LED 灯的亮度变化。

任务 15　模拟量输入控制

💡 基础知识

一、Arduino 的模拟输入

在 Arduino 控制板上，带有"A"的引脚是模拟输入端。Arduino Mega2560 控制板有 16 个模拟输入控制端，分别是 A0~A15，如图 7-19 所示。

图 7-19　模拟输入控制端

模拟输入控制端是带有模数转换功能的引脚，它可以将外部输入的模拟信号电压转换为单片机运算时可以识别的数字量，从而实现读入模拟信号值的功能。

使用 AVR 单片机作主控制器的 Arduino 模拟输入控制具有 10 位的转换精度，即可以将 0~5V 的模拟电压转换为 0~1023 的整数形式表示。

Arduino 模拟输入控制使用 anologRead（）函数。

语法：

```
anologRead(pin)
```

参数：

pin：要读取模拟信号值的引脚。

被指定的引脚必须是模拟输入引脚，如 anologRead（A1）表示读取 A1 引脚的模拟信号值。

通过 Arduino 模拟输入端连接各种模拟量传感器，可以实现各种模拟输入检测和控制。连接光敏传感器，可以测量光亮度。利用温度传感器，可以检测环境温度。

二、模拟量输入控制

1. 控制要求

在 Arduino Mega2560 控制板的 A1 端连接一个电位器，通过电位器调节，控制 LED 灯的亮度变化。

2. 控制电路

模拟输入控制 LED 电路如图 7-20 所示。

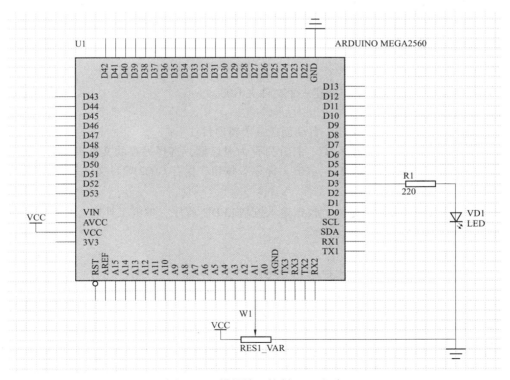

图 7-20　模拟输入控制 LED 电路

3. 模拟输入控制 LED 程序

```
int ledPin=3;                    //LED 连接在引脚 3
int adcPin=A1;                   //模拟输入连接在引脚 A1
int adcVal;                      //模拟输入变量值
void setup(){
 //不进行任何处理
}
void loop(){
  adcVal=analogRead(adcPin)/4;//读取模拟输入值
  analogWrite(ledPin,adcVal);  //用模拟输入值控制 LED 亮度
}
```

程序中，由于模拟输入值范围是 0~1023，而模拟输出值的数据范围是 0~255，因此，将读到的模拟输入信号值除以 4 再赋值给变量 adcVal，再用 adcVal 去控制模拟输出，从而控制 LED 灯的亮度。

 技能训练

一、训练目标

（1）学会使用 Arduino 控制器的 ADC 模拟量输入端口。
（2）学会根据模拟输入变化，控制 LED 灯亮度。

二、训练步骤与内容

1. 建立一个工程
（1）在 E 盘 A2560 文件夹，新建一个文件夹 G02。
（2）启动 Arduino 软件。
（3）选择"文件"→"New"，自动创建一个新项目。
（4）选择"文件"→"另存为"，打开另存为对话框，选择另存的文件夹 G02，打开文件夹 G02，在文件名栏输入"G002"，单击"保存"按钮，保存 G002 项目文件。
2. 编写程序文件
在 G002 项目文件编辑区输入"模拟输入控制 LED"程序，单击工具栏上的"💾"按钮，保存项目文件。
3. 编译、调试程序
（1）按图 7-20 连接模拟输入控制 LED 电路。
（2）通过 USB 将 Arduino Mega2560 板与计算机 USB 端口连接。
（3）单击"工具"→"板"，在右侧出现的板选项菜单中选择"Arduino Mega2560"。
（4）单击"项目"→"验证/编译"，或单击工具栏的"验证/编译"按钮，Arduino 软件首先验证程序是否有误，若无误，程序自动开始编译程序。
（5）等待编译完成，在软件调试提示区，观看编译结果。
（6）调节电位器，观察 LED 灯的亮度变化。
（7）改变模拟输入端，重新书写控制程序，编译下载后，调节电位器，观察 LED 灯亮度变化。

习题 7

1. 设计应用 Arduino Mega2560 控制器引脚 12 进行 PWM 输出，控制 LED 灯变化的程序。

2. 在 Arduino Mega2560 控制器引脚 A2 和 GND 之间，连接一只光敏电阻，在 Arduino Mega2560 控制器引脚 A2 和 5V 之间连接一只 1kΩ 的电阻，Arduino 控制器引脚 3 连接一只 220Ω 电阻，电阻另一端连接 LED 正极，LED 负极接 GND。设计利用光敏电阻控制 LED 亮度的控制程序。

3. 设计 Arduino Mega2560 控制器利用温度传感器 LM35 和串口输出进行环境温度检测的控制程序。

4. 设计一个电压表控制程序，电压输入检测范围是 0~5V，电压检测输入端连接 A3，利用 74HC573 驱动共阴极数码管显示检测到的电压值。

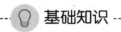

项目八 输入输出端口的高级应用

学习目标

(1) 学会开发 LED 光立方。
(2) 学会使用调声函数。
(3) 学会使用脉冲宽度测量函数及其应用。
(4) 学会使用各种常用模块。

任务 16 小型 LED 光立方控制

基础知识

一、LED 光立方

1. 一个 4×4×4 LED 光立方

一个 4×4×4 LED 光立方是由 64 只发光二极管 LED 组成的立体光显示器,该 LED 立体光显示器每一个发光二极管都可以独立控制显示和熄灭,可以构建 4×4×4 个像素的动画显示。

2. LED 光立方制作

LED 光立方电路如图 8-1 所示。

64 只发光二极管分为 4 组,各组放在一层,分别为 Z0、Z1、Z2、Z3,Z0 是底层,Z1、Z2 分别是倒数 1 层、倒数 2 层,Z3 是顶层,每层 16 只,排成一组方阵,如图 8-2 所示,同一层的 16 只二极管的阴极连在一起,再与各层的驱动三极管连接,竖排的 4 只二极管阳极连接一起,分别连接 Y0~Y15。层与层之间的距离,与水平排列的两只二极管距离一样。

二、LED 光立方控制

1. 随机数函数 random ( )

(1) longrandom (max)。随机数函数,返回数据大于等于 0,小于 max。

(2) longrandom (min,max)。随机数函数,返回数据大于等于 min,小于 max。

2. 4×4×4 光立方 LED 控制程序

```
int layerSelectPins[]={2,3,4,5};          //定义层驱动引脚
int ledPins[4][4]={{37,36,35,34},{33,32,31,30},{29,28,27,26},{25,24,23,
22}};                                     //定义列驱动引脚
int model[4][4][4];                       //定义光立方显示模式三维数组
long pt=100;                              //定义层循环显示周期
long refreshPt=5;                         //定义每一只发光二极管显示刷新周期
```

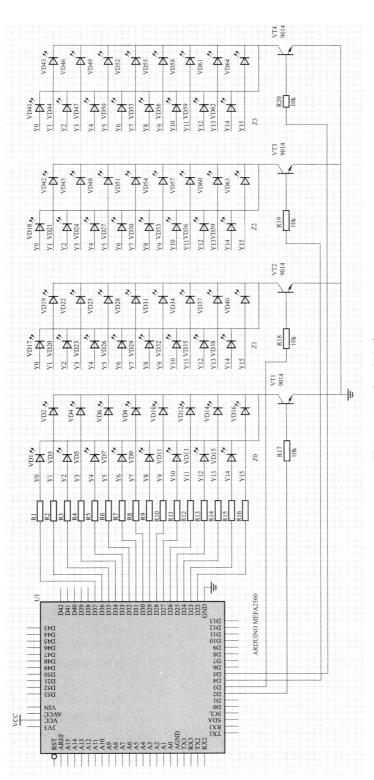

图 8-1 LED 光立方电路

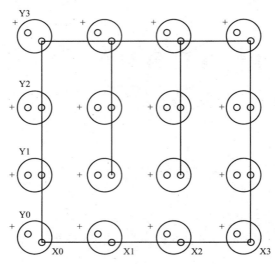

图 8-2　发光二极管方阵

```
void setup()
{                                              //每只列驱动引脚设置为输出
  for(int x=0;x<4;x++)
  {
    for(int y=0;y<4;y++)
    {
      pinMode(ledPins[x][y],OUTPUT);
    }
  }
  pinMode(layerSelectPins[0],OUTPUT);          //底层 Z0 驱动引脚设置为输出
  pinMode(layerSelectPins[1],OUTPUT);          //底层 Z1 驱动引脚设置为输出
  pinMode(layerSelectPins[2],OUTPUT);          //底层 Z2 驱动引脚设置为输出
  pinMode(layerSelectPins[3],OUTPUT);          //底层 Z3 驱动引脚设置为输出
  model[0][0][0]=HIGH;                         //初始化 Z0X0Y0 处的 LED 亮灯
}
void loop()
{
  static long lastUpdate;                      //设置私有变量 lastUpdate,记录最
                                               //  近更新时间

  long now=millis();                           //设置当前时间变量 now
  if(now>lastUpdate+pt)                        //如果当前时间大于最近更新时间
  {
  animate();                                   //光立方动画显示模式随机更改
  lastUpdate=now;                              //更新最近更新时间
  }
  refresh();                                   //刷新显示
}
void animate()
```

```
    {
        model[random(4)][random(4)][random(4)]=HIGH;      //随机点亮一只发光二
                                                              极管
        model[random(4)][random(4)][random(4)]=LOW;       //随机关闭一只发光二
                                                              极管
        model[random(4)][random(4)][random(4)]=HIGH;      //再随机点亮一只发光
                                                              二极管
        model[random(4)][random(4)][random(4)]=LOW;       //再随机关闭一只发光
                                                              二极管
    }
    void refresh()
    {
      for(int layer=0;layer<4;layer++)                     //层循环控制
      {
        digitalWrite(layerSelectPins[layer],HIGH);         //驱动被选层为高电平
        for(int x=0;x<4;x++)                               //更新被选层 LED 位置
                                                              x 参数
        {
          for(int y=0;y<4;y++)                             //更新被选层 LED 位置
                                                              y 方向参数
          {
            digitalWrite(ledPins[y][x],model[layer][y][x]);//驱动被选位置的发光
                                                              二极管
          }
      delay(1);                                            //延时 1ms
        }
        delay(refreshPt);                                  //延时一个显示刷新
                                                              周期
        digitalWrite(layerSelectPins[layer],LOW);          //关闭所选层驱动
      }
    }
```

3.4×4×4 光立方 LED 取模

（1）打开光盘中的 4 阶取模软件。

第一层					第二层					第三层					第四层			
1	1	1	1		0	0	0	0		0	0	0	0		0	0	0	0
1	1	1	1		0	0	0	0		0	0	0	0		0	0	0	0
1	1	1	1		0	0	0	0		0	0	0	0		0	0	0	0
1	1	1	1		0	0	0	0		0	0	0	0		0	0	0	0

B1000，B1000，B1000，B1000，B1000，B1000，B1000，B1000，B1000，B1000，B1000，B1000，B1000，B1000，
B1000，B1000

（2）在 4 阶取模软件中填入数据，自动生成程序数据。要想点亮 LED，表格填 1，不希望

点亮，填入数据 0。

上面的数据表示，第一层 16 个 LED 全亮，其他层的 LED 全灭。

（3）将数据拷贝到程序数组中。每种运行模式对应一组数据，需要多少种，就取多少数据。

```
byte led[]={(第 1 种,)
            B1000,B1000,B1000,B1000,B1000,B1000,B1000,B1000,B1000,
B1000,B1000,B1000,B1000,B1000,B1000      //第 x 种取模的数据
(第 n 种)
};
```

每一组数据有 16 个，最后一组数据末尾，去掉逗号。

4. 利用数组数据 4×4×4 光立方驱动程序

```
byte led[]={(第 1 种,)
            B1000,B1000,B1000,B1000,B1000,B1000,B1000,B1000,B1000,B1000,
B1000,B1000, B1000, B1000, B1000, B1000                //第 x 种取模的
                                                          数据
(第 n 种)
};
const leds[]={0,1,2,3,4,5,6,7,8,9,10,11,12,13,14,15};   //定义驱动引脚
                                                          数组
const byte lay[]={16,17,18,19};                         //定义层驱动引脚
                                                          数组
int num=sizeof(led);                                    //统计取模数组数
                                                          据的长度
/*定义全局变量*/
int v=5;
int i=0;
int j=16;
int k=0;
int di=0;
int dj=0;
int dk=0;
/*初始化程序*/
void setup() {
  for (i=0; i<=20; i++)
  {
    pinMode(i,OUTPUT);
  }
}
void draw_layer(intm) {
  for(k=0;k<=3;k++)
const leds[]={0,1,2,3,4,5,6,7,8,9,10,11,12,13,14,15};   //定义驱动引脚
                                                          数组
const byte lay[]={16,17,18,19};                         //定义层驱动引脚
```

```
int num=sizeof(led);                        //统计取模数组数
                                            数组
                                            据的长度

/*定义全局变量*/
int v=5;
int i=0;
int j=16;
int k=0;
int di=0;
int dj=0;
int dk=0;
/*初始化程序*/
void setup() {
  for(i=0; i<=20; i++)
  {
    pinMode(i,OUTPUT);
  }
}
void draw_layer(int m) {
  for(k=0;k<=3;k++)
  {digitalWrite(lay[k],LOW);
  }
  digitalWrite(lay[m],HIGH);
}
/*主循环程序*/
void loop() {
  for(i=0;i<=3;i++)
  {
    draw_layer(i);                          //层驱动
    for(j=0;j<=15;j++)                      //列驱动循环
    {
      di=dj+j;
      if(led[di] & (1 << i))
      {
        digitalWrite(leds[j],HIGH);         //点亮指定 LED
      }
      else
      {
        digitalWrite(leds[j],LOW);          //熄灭指定 LED
      }
    }
    delay(5);                               //延时 5ms
  }
  dk++;                                     //同一种模式循环
```

```
        if(dk>=v)                           控制
                                            //循环次数达到
        {
          dj+=16;                          //换下一组数据
          dk=0;                            //循环复位
        }
        if(dj>=num)                        //数据扫描完,dj
                                            复位
          dj=0;
      }
```

⚙ 技能训练

一、训练目标

（1）学会使用随机数函数。
（2）学会制作、控制 4×4×4 LED 光立方。

二、训练步骤与内容

1. 建立一个工程
（1）在 E 盘 A2560 文件夹，新建一个文件夹 H0。
（2）启动 Arduino 软件。
（3）选择"文件"→"New"，自动创建一个新项目。
（4）选择"文件"→"另存为"，打开另存为对话框，选择另存的文件夹 H0，打开文件夹 H0，在文件名栏输入"H00"，单击"保存"按钮，保存 H00 项目文件。
2. 编写程序文件
在 H00 项目文件编辑区输入"4×4×4 LED 光立方控制"程序，单击执行文件菜单下"保存"菜单命令，保存项目文件。
3. 编译、调试程序
（1）按图 8-1 连接 4×4×4 LED 光立方控制电路。
（2）通过 USB 将 Arduino Mega2560 控制板与计算机 USB 端口连接。
（3）单击"工具"→"板"，在右侧出现的板选项菜单中选择"Arduino Mega2560"。
（4）单击"项目"→"验证/编译"，或单击工具栏的"验证/编译"按钮，Arduino 软件首先验证程序是否有误，若无误，程序自动开始编译程序。
（5）等待编译完成，在软件调试提示区，观看编译结果。
（6）单击工具栏的下载按钮，将程序下载到 Arduino Mega2560 控制板，等待编译、下载完成，观察 4×4×4 LED 光立方的显示。
（7）修改动画显示函数 animate（），重新编译下载程序，观察 4×4×4 LED 光立方的显示。
4. 自编程序控制
（1）新建工程 H0a。
（2）请将"利用数组数据 4×4×4 光立方驱动程序"输入 Arduino IDE 软件。
（3）编译、调试程序
1）按图 8-1 连接 4×4×4 LED 光立方控制电路。

2）通过 USB 将 Arduino Mega2560 控制板与计算机 USB 端口连接。

3）单击"工具"菜单下的"板"子菜单命令，在右侧出现的板选项菜单中选择"Arduino Mega2560"。

4）单击"项目"菜单下的"验证/编译"子菜单命令，或单击工具栏的验证/编译按钮，Arduino 软件首先验证程序是否有误，若无误，程序自动开始编译程序。

5）等待编译完成，在软件调试提示区，观看编译结果。

6）单击工具栏的下载按钮，将程序下载到 Arduino Mega2560 控制板，等待编译、下载完成，观察 4×4×4 LED 光立方的显示。

7）修改显示数据数组，重新编译下载程序，观察 4×4×4 LED 光立方的显示。

任务 17　简　易　电　子　琴

 基础知识

一、调声

调声函数 tone（）主要用于 Arduino 连接蜂鸣器或扬声器发声的场合，其实质输出一个频率可调的方波，以此驱动蜂鸣器或扬声器振动发声。

1. tone（）函数

tone（）函数可以让指定引脚产生一个占空比为 50 的指定频率的方波。

语法：

```
tone(pin,frequency)
tone(pin,frequency,duration)
```

参数：

pin：需要输出方波的引脚。

frequency：输出的频率，数据类型为 unsigned int 型。

duration：频率持续的时间，单位为 ms。如果没有该参数，Arduino 将持续发设定的音调，直到改变了发声频率或者使用 noTone（）函数停止发声。

返回值：无。

2. tone（）和 analogWrite（）的差别

tone（）和 analogWrite（）函数都可以输出方波，所不同的是调节方波的不同参数，tone（）函数输出方波的占空比固定（50%），所调节的是方波的频率；而 analogWrite（）函数输出的频率固定（约 490 Hz），所调节的是方波的占空比。

需要注意的是，使用 tone（）函数会干扰 3 号引脚和 11 号引脚的 PWM 输出功能（Arduino MEGA 控制器除外），并且同一时间的 tone（）函数仅能作用于一个引脚，如果有多个引脚需要使用 tone（）函数，则必须先使用 noT one（）函数停止已经使 tone（）函数的引脚，然后使用 tone（）函数开启下一个指定引脚的方波输出。

3. noTone（）函数

noTone（）函数停止指定引脚上的方波输出。

语法：

```
noTone(pin)
```

参数：

pin：需要停止方波输出的引脚。

返回值：无。

4. 蜂鸣器

蜂鸣器模块是一种一体化结构的电子讯响器，采用直流电压供电，广泛用于计算机、报警器和电子玩具等电子设备中。

蜂鸣器发声需要有外部振荡源，即一定频率的方波。不同频率的方波输入，会产生不同的音调。扬声器加不同频率的方波也可以产生不同的音调。

按驱动方式的不同，蜂鸣器可分为有源蜂鸣器（内含驱动线路）和无源蜂鸣器（外部驱动）。

有源蜂鸣器高度为 9mm，而无源蜂鸣器的高度为 8mm 如将两种蜂鸣器的引脚部分朝上放置时，可以看出有绿色电路板的一种是无源蜂鸣器，没有电路板而用黑胶封闭的一种是有源蜂鸣器。进一步判断有源蜂鸣器和无源蜂鸣器，还可以用万用表电阻挡 R×1 挡测试。用黑表笔接蜂鸣器的 "+" 引脚，红表笔在另一引脚上来回碰触，如果发出咔、咔声的且电阻只有 8Ω（或 16Ω）的是无源蜂鸣器。如果能发出持续声音的，且电阻在几百欧以上的，是有源蜂鸣器。有源蜂鸣器直接接上额定电源（新的蜂鸣器在标签上都有注明）就可连续发声。而无源蜂鸣器 则和电磁扬声器一样，需要接在音领输出电路中才能发声。

按构造方式的不同，蜂鸣器可分为电磁式蜂鸣器和压电式蜂鸣器。

压电式蜂鸣器主要由多谐振荡器、压电蜂鸣片、阻抗匹配器及共鸣箱、外壳等组成。有的压电式蜂鸣器外壳上还装有发光二极管，多谐振荡器由晶体管或集成电路构成。当接通电源后（1.5~15V 直流工作电压），多谐振荡器起振，输出 1.5~2.5kHz 的音频信号，阻抗匹配器推动压电蜂鸣片发声。电磁式蜂鸣器由振荡器、电磁线圈、磁铁、振动膜片及外壳等组成。接通电源后，振荡器产生的音频信号电流通过电磁线圈，使电磁线圈产生磁场。振动膜片在电磁线圈和磁铁的相互作用下，周期件性振动发出声音。

5. 扬声器

扬声器是一种把电信号转变为声信号的换能器件，扬声器的性能优劣对音质的影响很大。扬声器在音响设备中是一个最薄弱的器件，而对于音响效果而言，它又是一个最重要的部件。扬声器的种类繁多，而且价格相差很大。音频电能通过电磁、压电或静电效应，使其纸盆或膜片振动并与周围的空气产生共振（共鸣）而发出声音。

电动式锥形纸盆扬声器即过去我们常说的纸盆扬声器，尽管 2014 年振膜仍以纸盆为主，但同时出现了许多高分子材料振膜、金属振膜，用锥形扬声器称呼就名副其实了。锥形纸盆扬声器大体由磁回路系统（永磁体、芯柱、导磁板）、振动系统（纸盆、音圈）和支撑辅助系统（定心支片、盆架、垫边）三大部分构成。

（1）音圈。音圈是锥形纸盆扬声器的驱动单元，它是用很细的铜导线分两层绕在纸管上，一般绕有几十圈，又称线圈，放置于导磁芯柱与导磁板构成的磁疑隙中。音圈与纸盆固定在一起，当声音电流信号通入音圈后，音圈振动带动着纸盆振动。

（2）纸盆。锥形纸盆扬声器的锥形振膜所用的材料有很多种类，一般有天然纤维和人造纤维两大类。天然纤维常采用棉、木材、羊毛、绢丝等，人造纤维则采用人造丝、尼龙、玻璃纤维等。由于纸盆是扬声器的声音辐射器件，在相当大的程度上决定着扬声器的放声性能，所以无论哪一种纸盆，要求既要质轻又要刚性良好，不能因环境温度、湿度变化而变形。

（3）折环。折环是为保证纸盆沿扬声器的轴向运动、限制横向运动而设置的，同时起到阻挡纸盆前后空敢流通的作用。折环的材料除常用纸盆的材料外，还利用塑料、天然橡胶等，经过热压粘接在纸盆上。

（4）定心支片。定心支片用于支持音圈和纸盆的结合部位，保证其垂直而不歪斜。定心支片上有许多同心圆环，使音圈在磁隙中自由地上下移动而不作横向移动，保证音圈不与导磁板相碰。定心支片上的防尘罩是为了防止外部灰尘等落磁隙，避免造成灰尘与音圈摩擦，而使扬声器产生异常声音。

6. 蜂鸣器应用

下面利用蜂鸣器的这种特性，采用 tone（）函数输出不同频率的方波，实现播放简单曲子的目的。

（1）蜂鸣器应用电路。如果使用的是独立扬声器或者蜂鸣器，则只需在其正极与 Arduino 控制板的数字引脚之间连接一个 100Ω 的限流电阻，连接方法如图 8-3 所示。

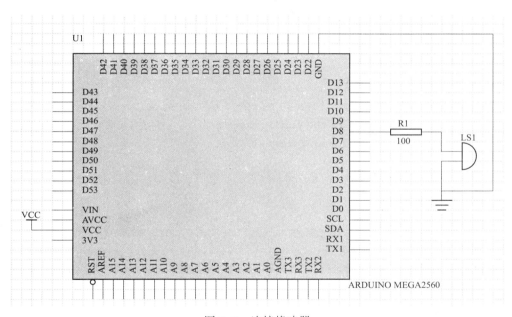

图 8-3　连接蜂鸣器

（2）用蜂鸣器产生两种频率的声音。使用数字 I/O 口，通过高低电平的变换，来实现方波。第一个应用是持续 1ms 的低电平和 1ms 的高电平，实现一个 500Hz 的方波信号，持续 100 个方波，然后切换为持续 2ms 的低电平，和 2ms 的高电平，实现一个 250Hz 的方波信号，持续 100 个方波。两种声音交替发出。

用蜂鸣器产生两种频率的控制程序如下：

```
int bee=8;                   //设置控制蜂鸣器的数字引脚
void setup(){
pinMode(bee,OUTPUT);         //设置数字 IO 脚模式,OUTPUT 为输出 }
voidloop(){unsigned char i,j; //定义变量
  for(i=0;i<100;i++)         //输出一个频率的声音
  {
    digitalWrite(bee,HIGH);    //发声音
```

```
      delay(1);                    //延时 Ims
      digitalWrite(bee,LOW);       //不发声音
      delay(1);                    //延时 ms
   }
 for(i=0;i<100;i++)                //输出出另一个频率的声音
 {   digitalWrite(bee,HIGH);       //发声音
     delay(2);                     //延时 2ms
     digitalWrite(bee,LOW);        //不发声音
     delay(2);                     //延时 ms
 }
```

（3）用蜂鸣器输出音乐。下面的示例程序使用了两组 melody ［］ 和 noteDuration ［］ 来记录整个曲谱，然后巡回调用这两个数组的数据，便可实现输出曲子的功能。

单击“文件”→“示例”，如图 8-4 所示，选择“02. Digital”下的“toneMelody”菜单命令，可以找到以下程序。

```
/*
Melody
Plays a melody
created 21 Jan 2010 modified 30 Aug 2011 by Tom Igoe
This example code is in the public domain.
http://www.arduino.cc/en/Tutorial/Tone
*/
#include "pitches.h"
//记录歌曲的音符
int melody[]={
  NOTE_C4,NOTE_G3,NOTE_G3,NOTE_A3,NOTE_G3,0,NOTE_B3,NOTE_C4
};
//音符持续时间 4 为 4 分音符,8 为 8 分音符
int noteDurations[]={
  4,8,8,4,4,4,4,4
};
void setup(){
  //遍历整个歌曲的音符
  for(int thisNote=0;thisNote<8;thisNote++){
    //数组中存储的是音符的类型,将其换算为时间
    //音符持续时间=1000ms/音符类型
    //例如:四分音符=1000/4,8分音符=1000/8
    int noteDuration=1000/noteDurations[thisNote];
    tone(8,melody[thisNote],noteDuration);
    //为了区分不同的音调,需在两个音调之间设定一定间隔的延时
    //增加 30% 的延时量比较合适
    int pauseBetweenNotes=noteDuration * 1.30;
    delay(pauseBetweenNotes);
    noTone(8);                 //停止发声
```

```
    }
  }
void loop(){
  //程序无需重复,因此这里无程序语句。
}
```

（4）音调控制头文件。使用上述程序需要定义一个音调对应频率的头文件"pitches. h"，其中记录了不同频率所对应的音调，该程序中便调用了这些定义。通过示例程序打开的该程序，则可以在选项卡中打开看到这个头文件，pitches. h 头文件如图 8-5 所示。

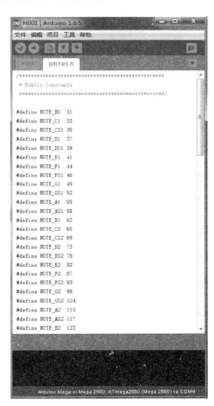

图 8-4　打开 toneMelody 示例程序　　　　　　　图 8-5　pitches. h 头文件

如果是新建的程序，则在调用这些音调定义之前，先建一个名为 pitches. h 的头文件。在 Arduino IDE 开发界面，单击在串口监视器下的三角图标，在弹出的快捷菜单中，选择执行"新建标签"菜单命令，如图 8-6 所示。

在新建文件名文本框中输入"pitches. h"，单击"好"按钮，Arduino IDE 会在项目文件夹中新建一个名为"pitches. h"文件，然后将图 8-5 中 pitches. h 头文件的内容复制、

图 8-6　新建标签

粘贴即可。

二、简易电子琴

1. 简易电子琴电路
简易电子琴电路如图8-7所示。

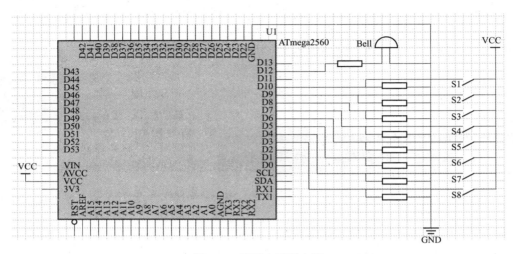

图8-7　简易电子琴电路

通过按下不同的按键，让蜂鸣器发出不同频率的声音。
2. 简易电子琴控制程序

```
#include "pitches.h"
void setup(){
  //初始化各个按键为输入
  pinMode(3,INPUT);
  pinMode(4,INPUT);
  pinMode(5,INPUT);
  pinMode(6,INPUT);
  pinMode(7,INPUT);
  pinMode(8,INPUT);
  pinMode(9,INPUT);
  pinMode(10,INPUT);
}
void loop(){
  //依次读取各个按键状态,如果按键被触发,发出相应的音调
  if(digitalRead(3)){
    tone(12,NOTE_C5,10);            //DO,523Hz
  }
  if(digitalRead(4)){
    tone(12,NOTE_D5,10);            //RE,587Hz
  }
  if(digitalRead(5)){
```

```
        tone(12,NOTE_E5,10);                //MI,659Hz
      }
      if(digitalRead(6)){
        tone(12,NOTE_F5,10);                //FA,698Hz
      }
      if(digitalRead(7)){
        tone(12,NOTE_G5,10);                //SO,784Hz
      }
      if(digitalRead(8)){
        tone(12,NOTE_A5,10);                //LA,880Hz
      }
       if(digitalRead(9)){
        tone(12,NOTE_B5,10);                //SI,988Hz
      }
      if(digitalRead(10)){
        tone(12,NOTE_C6,10);                //HIGH DO,1047Hz
      }
    }
```

⚙ 技能训练

一、训练目标

（1）学会使用蜂鸣器。

（2）学会制作简易电子琴。

二、训练步骤与内容

1. 建立一个工程

（1）在 E 盘 A2560 文件夹，新建一个文件夹 H01。

（2）启动 Arduino 软件。

（3）选择"文件"→"New"，自动创建一个新项目。

（4）选择"文件"→"另存为"，打开另存为对话框，选择另存的文件夹 H01，打开文件夹 H01，在文件名栏输入"H001"，单击"保存"按钮，保存 H001 项目文件。

2. 编写程序文件

在 H001 项目文件编辑区输入"简易电子琴控制"程序，单击执行文件菜单下"保存"菜单命令，保存项目文件。

3. 添加头文件

（1）在 Arduino IDE 开发界面，单击在串口监视器下的三角图标，在弹出的快捷菜单中，选择执行"新建标签"菜单命令。

（2）在新建文件名文本框中输入"pitches.h"，单击"好"按钮，Arduino IDE 会在项目文件夹中新建一个名为"pitches.h"文件，然后将图 8-5 中 pitches.h 头文件的内容复制、粘贴即可。

4. 编译、调试程序

（1）按图 8-7 连接简易电子琴控制电路。

（2）通过 USB 将 Arduino Mega2560 控制板与计算机 USB 端口连接。

（3）单击"工具"→"板"，在右侧出现的板选项菜单中选择"Arduino Mega2560"。

（4）单击"项目"→"验证/编译"，或单击工具栏的"验证/编译"按钮，Arduino 软件首先验证程序是否有误，若无误，程序自动开始编译程序。

（5）等待编译完成，在软件调试提示区，观看编译结果。

（6）单击工具栏的下载按钮，将程序下载到 Arduino Mega2560 控制板。

（7）按下各个简易钢琴按键，弹奏你所熟悉的音乐，聆听蜂鸣器发出的音乐声音。

任务 18　超 声 波 测 距

 基础知识

一、脉冲宽度测量

1. 脉冲宽度测量

我们经常需要对脉冲宽度进行测量，测量方法一般使用电子示波器，观察脉冲波形、测量脉冲持续的时间（脉冲宽度）。利用单片机也可以进行脉冲宽度测量，方法是使用单片机内部的定时器产生的精准时钟信号，应用脉冲触发测量条件，测量脉冲持续时间内的时钟脉冲的数量，从而确定脉冲的宽度。

2. 脉冲宽度测量函数 pulseln（）

在 Arduino 控制中，应用脉冲宽度测量函数 pulseln（）检测指定引脚上的脉冲信号，从而测量其脉冲宽度。

当要检测高电平脉冲时，pulseIn（）函数会等待指定引脚输入的电平在变高后开始计时，直到输入电平变低时，计时停止。Pulseln（）函数会返回此信号持续的时间，即该脉冲的宽度。

Pulseln（）函数还可以设定超时时间。如果超过设定时间仍未检测到脉冲，贝退出 pulseIn（）函数，并返回 0。当没有设定超时时间时，pulseIn（）会默认 1s 的时间。

语法：

```
pulseIn(pin,value)
pulseIn(pin,value,timeout)
```

参数：

pin：需要读取脉冲的引脚。

value：需要读取的脉冲类型，为 HIGH 或 LOW。

timeout：超时时间，单位为 μs，数据类型为无符号长整型。

返回值：返回脉冲宽度，单位为 μs，数据类型为无符号长整型。如果在定时间内没有检测到脉冲，则返回 0。

二、超声波测距

超声波是频率高于 20000 Hz 的声波，它的指向性强，能量消耗缓慢，在介质中传播的距离较远，因而经常用于测量距离。

1. 超声波传感器

超声波传感器的型号众多，HC-SR04 是一款常见的超声波传感器。

HC-SR04 超声波传感器是利用超声波特性检测距离的传感器。其带有两个超声波探头，分别用做发射和接收超声波。其测量范围是 3～450cm。超声波测距原理如图 8-8 所示，超声波发射器向某一方向发射超声波，在发射的同时开始计时，超声波在空气中传播，途中碰到障碍物则立即返回，超声波接收器收到反射波则立即停止计时。声波在空气中的传播速度为 340m/s，根据计时器记录的时间 t，即可计算出发射点距障碍物的距离。即 $s = 340 * t/2$。这就是所谓的时间差测距法。

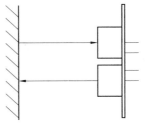

被测物体　　　超声传感器

图 8-8　超声波测距原理

HC-SR04 超声波传感器模块性能稳定，测量距离精确，是目前市面上性价比最高的超声波模块，具有非接触测距功能，拥有 2.4～5.5 V 的宽电压输入范围，静态功耗低于 2mA，自带温度传感器对测距结果进行校正，工作稳定可靠。

2. 超声波模块引脚

HC-SR04 超声波模块引脚功能见表 8-1。

表 8-1　　　　　　　　　　　　　　　超声波模块引脚功能

引脚名称	功能
VCC	电源端
Trig	触发信号引脚
Echo	回馈信号引脚
Gnd	接地端

3. 主要技术参数

（1）使用电压：DC5V。

（2）静态电流：小于 2mA。

（3）电平输出：高 5V 低 0V。

（4）串口输出：波特率 9600。起始位 1 位，停止位 1 位，数据位 8 位，无奇偶校验，无流控制。

（5）感应角度：不大于 15°。

（6）探测距离：3～450cm。

（7）探测精度：0.3cm+1%。

4. 使用方法

使用 Arduino 控制板的数字引脚给超声波模块 Trig 引骨脚输入一个 10μs 以上的高电平，触发超声波模块的测距功能。

触发超声波模块的测距功能后，系统发出 8 个 40kHz 的超声波脉冲，然后自动检测回波信号。

当检测到回波信号后，模块还要进行温度值的测量，然后根据当前温度对测距结果进行校正，将校正后的结果通过 Echo 管脚输出。在此模式下，模块将距离位转化为 340m/s 时的时间值的 2 倍，通过 Echo 端输出一高电平，根据此高电平的持续时间来计算距离值，即距离值=（高电平时间×340）/2。

Arduino 可以使用 pulseIn（）函数获取测距结果，并计算出被测物体的距离。超声波模块测距时序图如 8-9 所示。

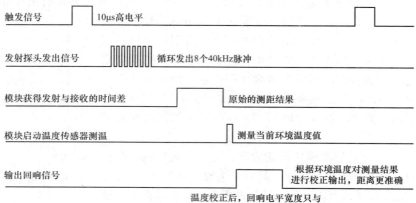

图 8-9　超声波模块测距时序

5. 超声波测距电路

超声波测距电路如图 8-10 所示。

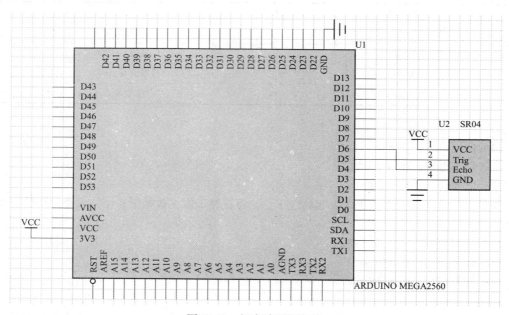

图 8-10　超声波测距电路

6. 超声波测距程序

```
//定义引脚功能
    const int trig=5;
    const int echo=6;
    long interValTime=0;          //定义时间间隔变量
    float S;                      //定义浮点数距离变量
```

```
//初始化
void setup(){
  pinMode(trig,OUTPUT);          //设置 trig 为输出
  pinMode(echo,INPUT);           //设置 echo 为输入
Serial.begin(9600);              //设置串口波特率
}
//主循环程序
void loop(){
  while(1){
  digitalWrite(trig,LOW);
  delayMicroseconds(2);          //延时 2μs
  digitalWrite(trig,HIGH);       //trig 高电平
  delayMicroseconds(10);         //延时 10μs
  digitalWrite(trig,LOW);        //trig 低电平
  interValTime=pulseIn(echo,HIGH)//读取高电平脉冲宽度
  S=interValTime/58.00;          //计算距离,单位 cm
  Serial.print("distance");
  Serial.print("   ");
  Serial.print(S);
  Serial.print("cm");
  Serial.println();
  S=0;                           //复位距离变量
  interValTime=0;                //复位时间间隔变量
  delay(1000);                   //延时 1000ms
    }
  }
```

技能训练

一、训练目标

（1）学会使用超声波传感器。
（2）学会用超声波传感器测距。

二、训练步骤与内容

1. 建立一个工程
（1）在 E 盘 A2560 文件夹，新建一个文件夹 H02。
（2）启动 Arduino 软件。
（3）选择"文件"→"New"，自动创建一个新项目。
（4）选择"文件"→"另存为"，打开另存为对话框，选择另存的文件夹 H02，打开文件夹 H02，在文件名栏输入"H002"，单击"保存"按钮，保存 H002 项目文件。
2. 编写程序文件
在 H002 项目文件编辑区输入"超声波测距"程序，单击执行文件菜单下"保存"菜单命令，保存项目文件。

3. 编译、下载、调试程序

（1）按图 8-8 连接超声波测距控制电路。

（2）通过 USB 将 Arduino Mega2560 控制板与计算机 USB 端口连接。

（3）单击"项目"→"验证/编译"，或单击工具栏的"验证/编译"按钮，Arduino 软件首先验证程序是否有误，若无误，程序自动开始编译程序。

（4）等待编译完成，在软件调试提示区，观看编译结果。

（5）单击工具栏的下载按钮，将程序下载到 Arduino Mega2560 控制板。

（6）打开串口观察窗口，调整超声波探头与测试物的距离，观察测试结果，如图 8-11 所示。

图 8-11　测试结果

（7）更换超声波模块的引脚与 Arduino Mega2560 控制板的连接端，调整触发脉冲参数，重新编译下载程序，进行超声波测距，观察测试结果。

任务 19　常用模块和传感器应用

 基础知识

一、激光传感器应用

1. 激光传感器

激光传感器是利用激光技术进行测量的传感器。它由激光器、激光检测器和测量电路组成。激光传感器是新型测量仪表，它的优点有能实现无接触远距离测量，速度快，精度高，量程大，抗光、电干扰能力强等。

激光具有以下 3 个重要特性。

（1）高方向性。即高定向性，光速发散角小，激光束在几千米外的扩展范围不过几厘米。

（2）高单色性。激光的频率宽度比普通光，小 10 倍以上。

（3）高亮度。利用激光束会聚最高可产生达几百万度的温度。

2. 激光传感器输出控制

```
void setup(){
  pinMode(12,OUTPUT);            //初始化引脚12为激光传感器输出
}
void loop(){
  digitalWrite(12,HIGH);         //开启激光传感器
  delay(1000);                   //延时1s
  digitalWrite(12,LOW);          //关闭激光传感器
  delay(1000);                   //延时1s
}
```

二、光敏传感器应用

1. 光敏传感器

光敏传感器是利用光敏元件将光信号转换为电信号的传感器，它的敏感波长在可见光波长附近，包括红外线波长和紫外线波长。光传感器不只局限于对光的探测，它还可以作为探测元件组成其他传感器，对许多非电量进行检测，只要将这些非电量转换为光信号的变化即可。

光敏传感器的种类较多，主要有：光电管、光电倍增管、光敏电阻、光敏三极管、太阳能电池、红外线传感器、紫外线传感器、光纤式光电传感器、色彩传感器、CCD和CMOS图像传感器等。光敏传感器是目前产量最多、应用最广的传感器之一，它在自动控制和非电量电测技术中占有非常重要的地位。

最简单的光敏传感器是光敏电阻，实质上是一种受到光照射其电阻值发生变化的传感器。最简单的光敏传感器的外观如图8-12所示，采用一个光敏元件与10kΩ电阻串联的结构，有3个引脚，GND端是光敏元件的1个引脚，中间是连接10kΩ电阻的1个引脚VCC，第3个是光敏元件与10kΩ电阻串联的引脚端Vout。

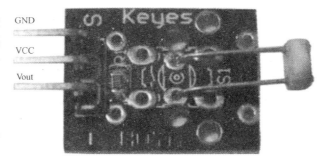

图8-12　光敏传感器外观图

2. 最简单的光敏传感器应用

```
int senViPin=1;
int val=0;
void setup(){ Serial.begin(9600);        //串口波特率为9600
}
void loop(){
  val=analogRead(senViPin);              //读取模拟1端口
  Serial.println(val,DEC);               //十进制数显示结果
delay(1000);                             //延时1000ms
}
```

将光敏传感器与电阻串联端senVi接在一个模拟输入口，电阻另一端接电源，光敏传感器另一端接地，光强的变化会改变光敏传感器阻值，从而改变senVi端的输出电压。将senVi端

的电压读出，并使用串口输出到计算机显示结果。因为 arduino 的模拟转换是 10 位的采样精度，输出值从 0~1023，当光照强烈的时候，光敏传感器电阻值减小，输出电压值减小，光照减弱的时候，光敏传感器电阻值增加，输出电压值增加。完全遮挡光线，光敏传感器电阻值值最大，输出电压值最大。

三、霍尔磁敏传感器应用

1. 霍尔传感器

霍尔传感器是根据霍尔效应制作的一种磁场传感器。霍尔效应是磁电效应的一种，这一现象是霍尔于 1879 年在研究金属的导电机构时发现的。后来发现半导体、导电流体等也有这种效应，而半导体的霍尔效应比金属强得多，利用这现象制成的各种霍尔元件，广泛地应用于工业自动化技术、检测技术及信息处理等方面。霍尔效应是研究半导体材料性能的基本方法。通过霍尔效应实验测定的霍尔系数，能够判断半导体材料的导电类型、载流子浓度及载流子迁移率等重要参数。

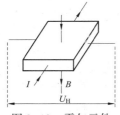

图 8-13　霍尔元件

一个霍尔元件一般有四个引出端子，如图 8-13 所示，其中两根是霍尔元件的偏置电流 I 的输入端，另两根是霍尔电压的输出端。如果输出端构成外回路，就会产生霍尔电流。一般地说，偏置电流的设定通常由外部的基准电压源给出；若精度要求高，则基准电压源均用恒流源取代。为了达到高的灵敏度，有的霍尔元件的传感面上装有高导磁系数的坡莫合金；这类传感器的霍尔电势较大，但在 0.05T 左右出现饱和，仅适用在低量限、小量程下使用。

在半导体薄片两端通以控制电流 I，并在薄片的垂直方向施加磁感应强度为 B 的匀强磁场，则在垂直于电流和磁场的方向上，将产生电势差为 U_H 的霍尔电压。

磁场中有一个霍尔半导体片，恒定电流 I 从 A 到 B 通过该片。在洛仑兹力的作用下，I 的电子流在通过霍尔半导体时向一侧偏移，使该片在 CD 方向上产生电位差，这就是所谓的霍尔电压。霍尔电压随磁场强度的变化而变化，磁场越强，电压越高，磁场越弱，电压越低，霍尔电压值很小，通常只有几个毫伏，但经集成电路中的放大器放大，就能使该电压放大到足以输出较强的信号。若使霍尔集成电路起传感作用，需要用机械的方法来改变磁感应强度。下图所示的方法是用一个转动的叶轮作为控制磁通量的开关，当叶轮叶片处于磁铁和霍尔集成电路之间的气隙中时，磁场偏离集成片，霍尔电压消失。这样，霍尔集成电路的输出电压的变化，就能表示出叶轮驱动轴的某一位置，利用这一工作原理，可将霍尔集成电路片用作点火正时传感器。霍尔效应传感器属于被动型传感器，它要有外加电源才能工作，这一特点使它能检测转速低的运转情况。

2. 霍尔磁力传感器

霍尔磁力传感器能检测到磁场，从而输出检测信号。模拟端口能通过输出线性电压的变化来揭示出磁场的强度，数字输出端口是磁场达到某个阈值时才会输出高低电平。可调电阻能改变检测的灵敏度。霍尔磁力传感器如图 8-14 所示。

应用时，霍尔磁力传感器的 G 端连接 Arduino Mega2560 控制板的 GND 端，+ 端连接 Arduino Mega2560 控制板的+5V 端，D0 端连接任意一个数字输入端，A0 端连接任意一个模拟信号输入端。

图 8-14　霍尔磁力传感器

3. 霍尔磁力传感器控制程序

（1）控制要求。

1）霍尔磁力传感器的 G 端连接 Arduino Mega2560 控制板的 GND 端，+端连接 Arduino Mega2560 控制板的+5V 端，DO 端连接任意数字输入端 2，引脚 13 连接 LED 指示灯。

2）当磁铁靠近霍尔磁力传感器监测端时，引脚 13 连接 LED 指示灯灭，磁铁离开霍尔磁力传感器监测端时，引脚 13 连接 LED 指示灯亮。

（2）控制程序。

```
int Led=13;                          //定义 LED 接口
int buttonpin=2;                     //定义霍尔磁力传感器接口
int val;                             //定义数字变量 val
void setup(){
  pinMode(Led,OUTPUT);               //定义 LED 为输出接口
  pinMode(buttonpin,INPUT);          //定义霍尔磁力传感器为输出接口
}
void loop(){
  val=digitalRead(buttonpin);        //将数字接口 3 的值读取赋给 val
  if(val==HIGH)
  {                                  //当霍尔磁力传感器检测没有磁场信号时,LED 亮
digitalWrite(Led,HIGH);
  }
  else
  {                                  //当霍尔磁力传感器检测到磁场信号时,LED 灭
digitalWrite(Led,LOW);
  }
}
```

四、倾斜开关传感器应用

1. 倾斜开关传感器

倾斜开关传感器用于检测较小角度的倾斜。应用时，倾斜开关传感器 GND 端连接 Arduino Mega2560 控制板的 GND 端，VCC 端连接 Arduino Mega2560 控制板的+5V 端，DO 端连接任意一个数字输入端。倾斜开关传感器如图 8-15 所示。

2. 倾斜开关传感器应用控制程序

（1）控制要求。

图 8-15　倾斜开关传感器

1）倾斜开关传感器的 GND 端连接 Arduino Mega2560 控制板的 GND 端，VCC 端连接 Arduino Mega2560 控制板的+5V 端，DO 端连接任意数字输入端 2，引脚 13 连接 LED 指示灯。

2）当倾斜开关传感器无倾斜时，引脚 13 连接 LED 指示灯灭，当倾斜开关传感器有倾斜时，引脚 13 连接 LED 指示灯亮。

（2）控制程序。

```
int Led=13;                          //定义 LED 接口
```

```
int buttonpin=2;                    //定义倾斜开关传感器接口
int val;                            //定义数字变量val
void setup(){
  pinMode(Led,OUTPUT);              //定义LED为输出接口
  pinMode(buttonpin,INPUT);         //定义倾斜开关传感器为输入接口
}
void loop(){
  val=digitalRead(buttonpin);       //将数字接口3的值读取赋给val
  if(val==HIGH)
  {                                 //当倾斜开关传感器有倾斜时时,LED亮
  digitalWrite(Led,HIGH);
  }
  else
  {                                 //当倾斜开关传感器无倾斜时时,LED灭
  digitalWrite(Led,LOW);
  }
}
```

五、双色 LED 模块

1. 双色 LED 模块

双色 LED 模块封装了 2 个 LED，1 个红色 LED，1 个绿色 LED，3 个引脚分别为 GREEN、RED、GND。双色 LED 模块如图 8-16 所示。

图 8-16　双色 LED 模块

2. 双色 LED 模块控制程序

通过 Arduino Mega2560 控制板分别控制红色 LED、绿色 LED，使红灯引脚输出电压值逐渐减小，亮度减少，同时绿灯引脚输出电压值逐渐增加，亮度增大，电压值变化时间间隔为 20ms。然后，使红灯引脚输出电压值逐渐增加，同时绿灯引脚输出电压值亮度增大逐渐减小，亮度减少，电压值变化时间间隔为 20ms。如此循环运行。

```
int redpin=2;                       //定义红灯引脚
int greenpin=3;                     //定义绿灯引脚
int val;
void setup(){
  pinMode(redpin,OUTPUT);           //设置红灯引脚为输出
  pinMode(greenpin,OUTPUT);         //设置绿灯引脚为输出
  }
void loop(){
    for(val=255;val>0;val--)
  {
```

```
analogWrite(redpin,val);                //红灯引脚输出电压值逐渐减小,亮度减少
analogWrite(greenpin,255-val);          //绿灯引脚输出电压值逐渐增加,亮度增大
delay(20);                              //延时 20ms
}
for(val=0;val<255;val++)
{
analogWrite(redpin,val);                //红灯引脚输出电压值逐渐增加,亮度增大
analogWrite(greenpin,255-val);          //绿灯引脚输出电压值逐渐减小,亮度减少
delay(20);                              //延时 20ms
}
}
```

六、RGB 三色 LED 模块

1. RGB 三色 LED 模块

三色 LED 模块封装了 3 个 LED, 1 个红色 LED, 1 个绿色 LED, 1 个蓝色 LED, 4 个引脚分别为 GREEN、RED、BLUE、GND, 三色 LED 模块如图 8-17 所示。

2. RGB 三色 LED 模块控制

RGB 三色 LED 模块组成全色 LED, 通过 R、G、B 的 3 个引脚的 PWM 输出控制可以调节 R、G、B 三种颜色输出的强弱,从而实现全彩的混色显示。

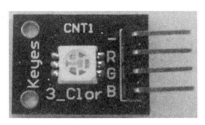

图 8-17　三色 LED 模块

```
int redpin=2;                           //定义红灯引脚
int greenpin=3;                         //定义绿灯引脚
int bluepin=4;                          //定义蓝灯引脚
int val;                                //定义全局变量
void setup(){
pinMode(redpin,OUTPUT);                 //定义红灯引脚为输出
pinMode(greenpin,OUTPUT);               //定义绿灯引脚为输出
pinMode( bluepin,OUTPUT);               //定义蓝灯引脚为输出
}
void loop(){
for(val=255;val>0;val--)                //控制变量逐渐减小
  {analogWrite(redpin,val);             //控制红灯 LED 的 PWM 输出
analogWrite(greenpin,255-val);          //控制红灯 LED 的 PWM 输出
analogWrite( bluepin,128-val);          //控制红灯 LED 的 PWM 输出
delay(5);                               //延时 5ms
}
for(val=0;val<255;val++)                //控制变量逐渐增加
{
analogWrite(redpin,val);                //控制红灯 LED 的 PWM 输出
analogWrite(greenpin,255-val);          //控制绿灯 LED 的 PWM 输出
analogWrite( bluepin,128-val);          //控制蓝灯 LED 的 PWM 输出
delay(5);                               //延时 5ms
```

```
    }
  }
```

七、7 色 LED 闪烁模块

7 色 LED 闪烁模块通电后，可以自动闪烁其中的 7 种颜色，利用 Arduino Mega2560 控制板的任意一个数字引脚直接连接 7 色 LED 闪烁模块的 S 端，控制其亮灭闪烁。

控制程序如下：

```
int flashpin=2;                    //定义闪烁 LED 引脚
void setup(){
    pinMode(flashpin,OUTPUT);      //初始化闪烁 LED 引脚为输出
}
void loop(){
  digitalWrite(flashpin,HIGH);     //闪烁 LED 亮
  delay(1000);                     //延时 1s
  digitalWrite(flashpin,LOW);      //闪烁 LED 灭
  delay(1000);                     //延时 1s
}
```

八、旋转编码传感器应用

旋转编码器可通过旋转转轴可以计数正方向和反方向转动过程中输出脉冲的次数。

旋转增量编码器给出两相方波，它们的相位差 90°，通常称为 A 通道和 B 通道。其中一个通道给出与转速相关的信息，进行顺序对比，通过两个通道信号转向的信息。

转动输出脉冲波形图如图 8-18 所示。

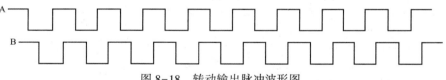

图 8-18　转动输出脉冲波形图

增量编码器运动输出见表 8-2。

表 8-2　　　　　　　　　　增量编码器运动输出

顺时针转动		逆时针转动	
A	B	A	B
0	0	1	1
0	1	1	0
1	0	0	1
1	1	0	0

控制程序如下。

```
const int interruptA=0;                    //中断 Interrupt0 在 pin2 上
```

```
int   CLK=2;                                        //PIN2 脉冲信号
int   DAT=3;                                        //数据信号接 PIN3
int   SW=4;                                         //往下按压的开关信号接 PIN4
int   Led1=8;                                       //Led1 连接 PIN5
int   Led2=9;                                       //Led2 连接 PIN6
int   countA=0;                                     //计数变量
void setup(){
//高电平变为低电平触发,调用中断处理子函数 RoteStateChanged()
attachInterrupt(interruptA,RoteStateChanged,FALLING);
  pinMode(CLK,INPUT);                              //定义 CLK 为输入
    digitalWrite(2,HIGH);                          //引脚 2 初始化输出高电平
pinMode(DAT,INPUT);                                //定义 DAT 为输入
digitalWrite(3,HIGH);                              //引脚 3 初始化输出高电平
  pinMode(SW,INPUT);                               //定义 SW 为输入
digitalWrite(4,HIGH);                              //引脚 4 初始化输出高电平
pinMode(Led1,OUTPUT);                              //定义 Led1 为输出
pinMode(Led2,OUTPUT);                              //定义 DAT 为输出
Serial.begin(9600);                               //定义串口通信波特率为 9600
}
void loop()
  {
if(!(digitalRead(SW)))                            //如果按下按钮
  {
countA=0;                                          //计数清零
    Serial.println("STOP  countA=0");             //串口输出清零
    digitalWrite(Led1,LOW);                       //LED I 灯灭
      digitalWrite(Led2,LOW);                     //LED2 灯灭
      delay(1000);                                //延时 1s
  }
Serial.println(countA);                           //如果没有按钮,输出计数值
}
void RoteStateChanged()                            //当 CLK 下降沿触发的时候,进入中断
{if(digitalRead(DAT))                              //当 DAT 为高电平时,是前进方向转动
{countA++;                                         //计数器累加
digitalWrite(Led1,HIGH);                           //LED1 亮
digitalWrite(Led2,LOW);                            //LED2 灭
delay(10);                                         //延时 10ms
}
else
{                                                  //当 DAT 是低电平是反方向转动
countA--;                                          //计数器减 1
digitalWrite(Led2,HIGH);                           //LED2 亮
digitalWrite(Led1,LOW);                            //LED1 灭
delay(10);                                         //延时 20ms
```

```
      }
    }
```

九、红外避障传感器应用

1. 红外避障传感器

红外避障传感器是根据红外反射原理来检测前方是否有物体的传感器，如图 8-19 所示。

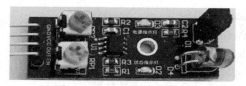

图 8-19　红外避障传感器

红外发射管发射红外线，当前方没有物体时，红外接收管接收不到信号，输出为高电平，当前方有物体时，物体遮挡和反射红外线，红外接收管会检测到信号，输出低电平。

2. 红外避障传感器的应用

```
int Led=13;                          //定义 LED 接口
int buttonpin=2;                     //定义避障传感器接口
int val;                             //定义数字变量 val
void setup(){
pinMode(Led,OUTPUT);                 //定义 Led 为输出
pinMode(buttonpin,INPUT);            //定义避障传感器为输入接口
  }
voidloop(){
  val=digitalRead(buttonpin);        //将数字接口 2 的值读取赋给 val
  if(val==LOW)                       //当避障传感器检测有障碍物时为低电平
    {
  digitalWrite(Led,HIGH);            //提示有障碍物
}
else
{ digitalWrite(Led,LOW);
}
  }
```

十、红外寻线传感器应用

1. 红外寻线传感器

红外寻线传感器是根据红外反射原理来检测黑白线，如图 8-20 所示。遇到白色，反射红外线，输出为低电平；遇到黑色，吸收红外线，不反射红外线，输出高电平，红外寻线传感器可用于寻找地面的黑线。

图 8-20　红外寻线传感器

2. 红外寻线传感器的应用

```
int Led=13;                          //定义 LED 接口
int buttonpin=2;                     //定义寻线传感器接口
int val;                             //定义数字变量 val
```

```
void setup(){
  pinMode(Led,OUTPUT);                    //定义 Led 为输出
  pinMode(buttonpin,INPUT);               //定义寻线传感器为输入接口
    }
  voidloop(){
    val=digitalRead(buttonpin);   //将数字接口 3 的值读取赋给 val
    if(val==LOW)                    //当寻线传感器检测白色,有反射信号时为低电平
      {
    digitalWrite(Led,HIGH);         //Led 亮
  }
  else
  { digitalWrite(Led,LOW);
  }
}
```

十一、模拟式温度传感器应用

1. 模拟式温度传感器

模拟式温度传感器基于热敏电阻（阻值随外界环境温度变化而变化）的工作原理，它是能够实时感知周边环境温度的变化的传感器，如图 8-21 所示。

将模拟式温度传感器与 Arduino Mega2560 控制板的模拟输入端 A1 连接，把模拟式温度传感器数据送到 Arduino Mega2560 控制板。通过简单程序就能将传感器输出的数据转换为摄氏温度值，并通过串口显示。

图 8-21　模拟式温度传感器

2. 模拟式温度传感器控制程序

```
#include <math.h>
double Thermister(int RawADC){
double Temp;
Temp=log(((10240000/RawADC)-10000));
Temp=1/(0.001129148+(0.000234125+(0.0000000876741* Temp* Temp))* Temp);
Temp=Temp-273.15;                          //转换温度值
return Temp;
}
void setup(){
Serial.begin(9600);
}
void loop(){
Serial.print(Thermister(analogRead(1)));   //输出转换好的温度
Serial.println("C");
delay(500);
}
```

技能训练

一、训练目标

（1）了解 Arduino Mega2560 输入输出高级应用技术。

（2）学会用模块和传感器。

二、训练步骤与内容

1. 建立一个工程

（1）在 E 盘 A2560 文件夹，新建一个文件夹 H03。

（2）启动 Arduino 软件。

（3）选择"文件"→"New"，自动创建一个新项目。

（4）选择"文件"→"另存为"，打开另存为对话框，选择另存的文件夹 H03，打开文件夹 H03，在文件名栏输入"H003"，单击"保存"按钮，保存 H003 项目文件。

2. 编写程序文件

在 H002 项目文件编辑区输入"RGB 三色 LED 模块控制"程序，单击执行文件菜单下"保存"菜单命令，保存项目文件。

3. 编译、下载、调试程序

（1）RGB 三色 LED 模块的 R、G、B 与 Arduino Mega2560 控制板的引脚 2、3、4 连接，接地端与 Arduino Mega2560 控制板 GND 连接电路。

（2）通过 USB 将 Arduino Mega2560 控制板与计算机 USB 端口连接。

（3）单击"项目"→"验证/编译"子菜单命令，或单击工具栏的"验证/编译"按钮，Arduino 软件首先验证程序是否有误，若无误，程序自动开始编译程序。

（4）等待编译完成，在软件调试提示区，观看编译结果。

（5）单击工具栏的下载按钮，将程序下载到 Arduino Mega2560 控制板。

（6）下载完成，观察 RGB 三色 LED 模块红、绿、蓝 LED 显示的效果。

（7）更改 Arduino Mega2560 控制板的控制端，使用另外三个 PWM 输出端，修改控制程序，重新下载、调试、观察运行结果。

（8）进行红外寻线传感器、红外避障传感器、旋转编码传感器等其他模块的应用实验。

习题8

1. 设计 4×4×4 LED 光立方的显示控制程序，使空间上可直线连接 LED 动态循环显示。各层的水平 x、y 直线显示，水平左倾斜、右倾斜直线显示；垂直方向的左倾斜、右倾斜直线显示。

2. 设计利用 2 只 74HC595 驱动 4×4×4 LED 光立方的电路，层驱动可以使用 ULN2003 达林顿输出驱动集成电路。利用两组数据，设计显示控制程序，使空间上可直线连接 LED 动态循环显示。各层的水平 x、y 直线显示，水平左倾斜、右倾斜直线显示；垂直方向的左倾斜、右倾斜直线显示（提示：数据分两组 a、b，每一组为一层的一半，即 8 位数据，2 组为 16 位，每一种显示模式对应的 a、b 组的数据共 8 个，这样做便于写程序）。

3. 设计一个 16 按键 Arduino Mega2560 简易电子琴控制电路，设计 16 按键简易电子琴控制程序。

4. 应用 Arduino Mega2560 控制板的引脚 2 和引脚 3，设计超声波测距控制程序，进行超声波测距实验。

5. 应用 Arduino Mega2560 控制板的引脚 5、6 和引脚 7，进行 RGB 三色 LED 模块控制。

6. 应用 Arduino Mega2560 控制板的引脚 8 和引脚 9，进行红外避障传感器实验。

7. 应用 Arduino Mega2560 控制板的引脚 10 和引脚 11，进行红外寻线传感器实验。

（1）学会编写 Arduino 类库。
（2）学习使用 Arduino 类库。

任务 20　学会编写 Arduino 类库

一、使用函数提高程序的可读性

前面我们学习了 LED 闪烁控制，通过 delay 延时实现了 LED 的闪烁控制，为了使程序便于阅读，看起来清晰明了，可以将 LED 端口配置设计为 Set_LED（）函数。该函数完成 LED 驱动端口的初始化。

Set_LED（）函数代码如下：

```
void  Set_LED(int LedPin){
pinMode(LedPin,OUTPUT);
}
```

将 LED 闪烁封装为 Flesh() 函数，该函数完成对 LED 闪烁的闪烁控制。

Flesh() 函数代码如下：

```
void Flesh(int Ntime){
digitalWrite(LedPin,HIGH);
delay(Ntime);
digitalWrite(LedPin,LOW);
delay(Ntime);
}
```

只需在 setup() 函数和 loop() 函数中调用这两个函数即可完成对 LED 的控制功能。即

```
void setup(){
Set_LED(13);
}

void loop(){
 Flesh(500);
}
```

这样设计后的程序，整体可读性加强，修改参数也容易，只需修改 Arduino Mega2560 控制板的引脚端口和闪烁间隔时间，就可以修改 LED 闪烁的快慢。只要有 C 语言的基础，都可轻松完成程序的书写。

完整的程序代码如下：

```
int LedPin=13;
void setup(){
Set_LED(LedPin);
}

void loop(){
 Flesh(250);
}
void  Set_LED(int LedPin){
pinMode(LedPin,OUTPUT);
}
voidFlesh(int Ntime){
digitalWrite(LedPin,HIGH);
delay(Ntime);
digitalWrite(LedPin,LOW);
delay(Ntime);
}
```

二、编辑 Arduino 类库

1. 预处理基本操作

预处理是 C 语言在编译之前对源程序的编译。以 "#" 号开头的语句称为预处理命令。预处理包括宏定义、文件包括和条件编译。

（1）宏定义。宏定义的作用是用指定的标识符代替一个字符串。

一般定义为：

```
#define 标识符   字符串
```

```
#define uChar8 unsigned char   //定义无符号字符型数据类型 uChar8
```

定义了宏之后，就可以在任何需要的地方使用宏，在 C 语言处理时，只是简单地将宏标识符用它的字符串代替。

定义无符号字符型数据类型 uChar8，可以在后续的变量定义中使用 uChar8，在 C 语言处理时，只是简单地将宏标识符 uChar8 用它的字符串 unsigned char 代替。

在 Arduino 中，经常用到的 HIGH、LOW、INPUT、OUTPUT 等参数就是通过宏的方式定义的。

（2）文件包含。文件包含的作用是将一个文件内容完全包括在另一个文件之中。例如#include "HCSR04.H"，那么在预处理时，系统会将该语句替换成 HCSR04.H 头文件中的实际内容，然后再对替换后的代码进行编译。

文件包括的一般形式为：

```
#include "文件名"或#include<文件名>
```

二者的区别在于用双引号的 include 指令首先在当前 Arduino 文件的所在目录中查找包含文件，如果没有则到系统指定的文件目录去寻找。

使用尖括号的 include 指令直接在系统指定的包含目录中寻找要包含的文件。即优先在 Arduino 库文件中目标文件，若没找到，系统再到当前 Arduino 项目的项目文件夹中寻找。

在程序设计中，文件包含可以节省用户的重复工作，或者可以先将一个大的程序分成多个源文件，由不同人员编写，然后再用文件包括指令把源文件包含到主文件中。

（3）条件编译。通常情况下，在编译器中进行文件编译时，将会对源程序中所有的行进行编译。如果用户想在源程序中的部分内容满足一定条件时才编译，则可以通过条件编译对相应内容制定编译的条件来实现相应的功能。条件编译有以下 3 种形式。

```
#ifdef 标识符　程序段 1;#else 程序段 2;#endif
```

其作用是，当标识符已经被定义过（通常用#define 命令定义）时，只对程序段 l 进行编译，否则编译程序段 2。

```
#ifndef 标识符　程序段 1;#else 程序段 2;#endif
```

其作用是，当标识符已经没有被定义过（通常用#define 命令定义）时，只对程序段 l 进行编译，否则编译程序段 2。

```
#if 表达式　程序段 1;#else 程序段 2;#endif
```

当表达式为真，编译程序段 1，否则，编译程序段 2。

2. 编辑头文件

一个 Arduino 类函数库应至少包含两个文件：头文件（扩展名为 ∗.h）和源代码文件（扩展名为 ∗.cpp）。头文件包含 Arduino 类函数库的声明，即 Arduino 类函数库的功能说明列表；源代码文件包含 Arduino 类函数库的实现方法和程序语句。让我们来为这个 Arduino 类函数库起个名字"Flsh"，那么头文件就命名为 Flsh.h。

头文件的核心内容，是一个封装了成员函数与相关变量的类声明。

（1）创建一个文件夹 Flsh。

（2）在文件夹内建立一个名为"Flsh.h"的头文件。

（3）在头文件中声明一个 Flsh 闪烁 LED 类。

类的声明方法如下：

```
class Flsh{
public:
//填写可被外部访问的函数和代码
private:
//填写这个类访问的函数和代码
}
```

通常一个类包括 public 和 private 两部分，其中 public 中声明的函数、变量为公用部分，可以被外部程序调用访问。Private 中声明的函数、变量为私有部分，只能在这个类中使用。

根据需要可以确定 Flsh 闪烁 LED 类的结构如图 9-1 所示。

Flsh 闪烁 LED 类包括 2 个成员函数和 2 个成员变量。

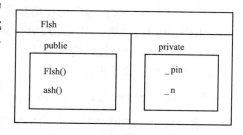

图 9-1　Flsh 闪烁 LED 类结构

Flsh 闪烁 LED 类的第 1 个函数是 Flsh（）函数，该函数是一个与类同名的构造函数，用于初始化对象，它在 public 中进行声明。函数声明语句如下：

```
Flsh(int pin,int n);
```

该构造函数用来替代 void　Set_LED（int LedPin），要注意的是，构造函数必须与类同名，且不能有返回值。

Flsh 闪烁 LED 类的第 2 个函数是 void ash（），用于控制 LED 闪烁和闪烁间隔时间，它也在 public 中进行声明。函数声明语句如下：

```
void ash();
```

该函数替代 Flsh 闪烁 LED 函数 void Flesh（int Ntime）。

对于在程序运行中用到的函数或变量，用户在使用是并不会接触到，可以将它们放到 private 私有部分中定义。即：

```
//记录 LED 闪烁使用的引脚和闪烁时间间隔
int _pin;
int _n;
```

类声明语句如下：

```
class Flsh
{
  public:
    Flsh(int pin,int n);
    void ash();
  private:
    int _pin;
    int _n;
};
```

实际上，类就是一个把函数和变量放在一起的集合。类里的函数与变量，根据访问权限，可以是 public（公有，即提供给函数库的使用者使用），也可以是 private（私有，即只能由类自己使用）。类有个特殊的函数——构造函数，它用于创建类的一个实例。构造函数的类型与类相同，且没有返回值。

头文件里还有些其他杂项。如为了使用标准类型和 Arduino 语言的常量，需要#include 语句（Arduino 的 IDE 会自动为普通代码加上这些#include 语句，但不会自动为函数库加）。这些 #include 语句类似于#include "Arduino. h"。

为了防止多次引用头文件造成各种问题，我们常用一种条件编译语句的方式来封装整个头文件的内容：

```
#ifndef Flsh_h
#define Flsh_h

//要包含的头文件、语句、代码写这里

#endif
```

该封装的主要作用是防止头文件被引用多次。

完整头文件的代码如下：

```
#ifndef Flsh_h
#define Flsh_h
#include "Arduino.h"
 class Flsh
 {
   public:
     Flsh(int pin,int n);
     void ash();
   private:
     int _pin;
     int _n;
 };
#endif
```

（4）输入并保存头文件。

1）启动 Arduino IDE 软件，单击串口监视器下面的三角下拉菜单箭头，在弹出的快捷菜单中，选择执行"新建标签"菜单命令，如图 9-2 所示。

2）在新文件的名字栏中输入"Flsh. h"，如图 9-3 所示。

图 9-2　新建标签

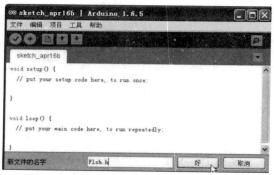

图 9-3　输入文件名

3）单击"好"按钮，新建一个 Flsh. h 文件标签。

4）在 Flsh. h 文件窗口编辑区输入 Flsh. h 头文件代码，如图 9-4 所示。

5）保存头文件。

3. 编辑源代码文件 Flsh. cpp

首先通过#include 语句让源代码文件的程序能够使用 Arduino 的标准函数和在 Flsh. h 里声明的类。

```
#include "Arduino.h"
#include " Flsh. h"
```

（1）编辑构造函数。构造函数是当创建类

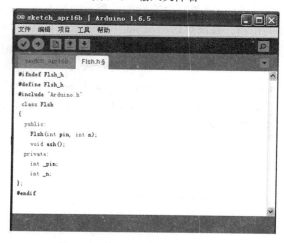

图 9-4　输入 Flsh. h 头文件代码

的一个实例时调用的。在类源程序中，用于指定使用哪个管脚和 LED 闪烁的间隔时间。我们把该管脚设置成输出模式并且用一个私有成员变量保存起来，以备其他函数使用。将 LED 闪烁的间隔时间也用一个私有成员变量保存起来，以备其他函数使用。

```
Flsh::Flsh(int pin,int n)
{
  pinMode(pin,OUTPUT);
  _pin=pin;
  _n=n;
}
```

函数名之前的 Flsh:: 是用来指定该函数是 Flsh 类的成员函数。下面定义类的其他成员函数时，也会再次出现。另一个不常见的是私有成员变量名 _pin 中的下划线。其实你可以按 C++ 的命名规则，给它任意命名。加下划线是一种大家习惯的不成文规范，让我们既能区分传进来的 pin 参数，也能清晰地知道它的 private 私有性质。

（2）编辑源程序中成员函数代码。

```
void Flsh::ash()
{
  digitalWrite(_pin,HIGH);
  delay(_n);
  digitalWrite(_pin,LOW);
  delay(_n);
}


Flsh.cpp 完整代码:

#include "Arduino.h"
#include "Flsh.h"


Flsh::Flsh(int pin,int n)
{
  pinMode(pin,OUTPUT);
  _pin=pin;
  _n=n;
}


void Flsh::ash()
{
  digitalWrite(_pin,HIGH);
  delay(_n);
  digitalWrite(_pin,LOW);
  delay(_n);
}
```

（3）新建一个标签，设置文件名为"Flsh.cpp"，并在其中输入 Flsh.cpp 源程序中成员函数代码，保存源程序。

4. 关键字高亮显示

完美的 Arduino 类库应包括让 Arduino IDE 软件识别并能高亮显示关键字的 keywords. txt 文本文件。在 Flsh 文件夹内，新建一个 keywords. txt 文件，并输入以下内容：

```
Flsh KEYWORD1
ash KEYWORD2
```

需要说明的是，"Flsh KEYWORD1""ash KEYWORD2"之间的空格应该用键盘上的"Tab"键输入。

在 Arduino IDE 软件的关键字高亮显示中，会将 KEYWORD1 定义的关键字识别为数据类型高亮显示方式，将 KEYWORD2 识别为函数高亮显示。有了 keywords. txt 文本文件，在 Arduino IDE 软件中使用该类库时，就能看到高亮显示的效果了。

至此，一个完整的 Arduino 类库所需的文件就编辑完成了。

在使用该类库时，需要在 Arduino IDE 软件安装目录下的 libraries 下新建一个名称为 Flsh 的文件夹，并将新建 Arduino 类库的 Flsh. h 头文件、Flsh. cpp 源程序文件和 keywords. txt 文本文件放入该文件夹中，一个完整的 Arduino 类库如图 9-5 所示。

5. 创建示例程序

为了方便其他用户学习和使用你编辑的 Flsh 类库，还需要在 Flsh 类库文件中新建一个 examples 文件夹，并放入你提供的示例程序，以便其他使用者学习和使用这个 Flsh 类库。并放入一个 Flsh_ Example. ino 的 Arduino 文件，如图 9-6 所示。

图 9-5　一个完整的 Arduino 类库

图 9-6　Flsh_Example. ino 文件

需要注意的是，*. ino 文件所在文件夹需要与该 *. ino 文件同名。

Flsh_Example. ino 示例文件的完整代码如下：

```
#include <Flsh. h>
Flsh flsh(13,500);
void setup()
{
}
 void loop()
{
  flsh. ash();
}
```

6. 检验 Flsh 类库

重新启动 Arduino IDE 软件，单击"文件"菜单下的"示例"子菜单下的"Flsh"下菜单，可以找到 Flsh 类库的示例程序，如图 9-7 所示。将示例程序下载到 Arduino Mega2560 控制板，可以检验 Flsh 类库是否正确。

图 9-7　Flsh 类库的示例程序

7. Flsh 类库的应用

重新启动 Arduino IDE 软件，新建一个项目，在新建项目的代码编辑区输入下列程序：

```
#include "Flsh.h"
Flsh flsh1(12,500);
void setup()
{
}

void loop()
{
    flsh1.ash();
}
```

技能训练

一、训练目标

（1）学会编辑应用函数的 LED 闪烁控制程序。

（2）学会编辑和应用 LED 闪烁的 Arduino 类库。

二、训练步骤与内容

1. 建立一个工程

（1）在 E 盘 A2560 文件夹，新建一个文件夹 I01。

（2）启动 Arduino 软件。

（3）选择"文件"→"New"，自动创建一个新项目。

（4）选择"文件"→"另存为"，打开另存为对话框，选择另存的文件夹 I01，打开文件夹 I01，在文件名栏输入"I001"，单击"保存"按钮，保存 I001 项目文件。

2. 编写 Flsh. h 头文件

（1）单击串口监视器下面的三角下拉菜单箭头，在弹出的快捷菜单中，选择执行"新建标签"菜单命令。

（2）在新文件的名字栏中输入"Flsh. h"。

（3）单击"好"按钮，新建一个 Flsh. h 文件标签。

（4）在 Flsh. h 文件窗口编辑区输入 Flsh. h 头文件代码。

（5）保存头文件。

3. 编写 Flsh. cpp 源程序文件

（1）单击串口监视器下面的三角下拉菜单箭头，在弹出的快捷菜单中，选择执行"新建标签"菜单命令。

（2）在新文件的名字栏中输入"Flsh. cpp"。

（3）单击"好"按钮，新建一个 Flsh. cpp 源程序文件标签。

（4）单击"Flsh. cpp"标签，在 Flsh. cpp 文件窗口编辑区输入 Flsh. cpp 源程序文件代码。

（5）保存 Flsh. cpp 源程序文件。

4. 编写高亮显示关键字的 keywords. txt 文本文件

（1）启动记事本软件。

（2）在软件编辑窗口，输入 Flsh 类的 keywords. txt 文本文件。

（3）单击执行文件菜单下的"另存为"菜单命令，将文件另存于 I001 项目文件内。

5. 创建 Arduino 的 FLSH 类库

（1）打开 Arduino IDE 软件安装目录的 Libraries 文件夹。

（2）在其下新建一个文件夹，并命名为"Flsh"。

（3）将 I001 项目文件夹内的 Flsh. h、Flsh. cpp、keywords. txt 复制到 Flsh 文件夹。

（4）在 Flsh 文件夹，创建一个 examples 文件夹。

（5）在 examples 文件夹，新建一个 Flsh_Example 文件夹。

（6）重新启动 Arduino IDE 软件。

（7）新建一个项目。

（8）在新建项目的编辑区，输入"Flsh 类示例程序"。

（9）单击"文件"→"另存为"命令，将示例项目文件另存到 Flsh_Example 文件夹。

（10）单击"项目"→"验证/编译"，验证并编译文件，观察验证编译输出窗口，看编译是否有错。

（11）若验证编译无错，单击"项目"→"上传"菜单命令，将程序下载到 Arduino Mega2560 控制板，并观察 Arduino Mega2560 控制板 13 号引脚连接的 LED 指示灯的状态变化。

6. 应用 Arduino 类库

（1）在 Arduino Mega2560 控制板 12 号引脚外接一只 LED，并串联一只 220 欧姆电阻接地。

（2）重新启动 Arduino IDE 软件。

（3）新建一个项目。

（4）在新建项目的代码编辑区输入下列程序：

```
#include "Flsh.h"
Flsh flsh1(12,500);
void setup()
{
}

void loop()
{
    flsh1.ash();
}
```

（5）单击执行"项目"菜单下的"上传"菜单命令，将程序下载到 Arduino Mega2560 控制板，并观察 Arduino Mega2560 控制板 12 号引脚连接的 LED 指示灯的状态变化。

任务 21　应用温湿度传感器 DHT11 类库

 基础知识

一、温湿度传感器 DHT11

1. DHT11 数字温湿度传感器

DHT11 数字温湿度传感器是一款含有已校准数字信号输出的温湿度复合传感器。它应用专用的数字模块采集技术和温湿度传感技术，确保产品具有极高的可靠性与卓越的长期稳定性。传感器包括一个电阻式感湿元件和一个 NTC 测温元件，并与一个高性能 8 位单片机相连接。因此该产品具有品质卓越、超快响应、抗干扰能力强、性价比极高等优点。

每个 DHT11 数字温湿度传感器都在极为精确的湿度校验室中进行校准。校准系数以程序的形式储存在 OTP 内存中，传感器内部在检测信号的处理过程中要调用这些校准系数。单线制串行接口，使系统集成变得简易快捷。超小的体积、极低的功耗，信号传输距离可达 20m 以上，使其成为各类应用甚至最为苛刻的应用场合的最佳选择。

2. DHT11 数字温湿度传感器的封装与应用领域

DHT11 数字温湿度传感器产品为 4 针单排引脚封装，DHT11 传感器引脚及封装如图 9-8 所示。DHT11 数字温湿度传感器连接方便，特殊封装形式可根据用户需求而提供。

DHT11 数字温湿度传感器应用领域包括暖通空调、测试及检测设备、汽车、数据记录器、消费品、自动控制、气象站、家电、湿度调节器、医疗、除湿器等。

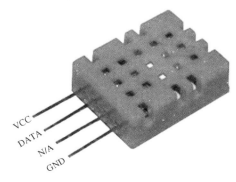

图 9-8　DHT11 传感器引脚及封装

3. DHT11 数字温湿度传感器的测量精度

DHT11 相对湿度的检测精度为 1%RH，温度的检测精度为 1℃。两次检测读取传感器数据的时间间隔要大于 1s。

二、DHT11 数字温湿度传感器的 Arduino 应用

1. DHT11 类库

在 Arduino 中，使用 DHT11 数字温湿度传感器需要用到 DHT11 类库，可以从 Arduino 中文社区网站上下载已经封装好的类库。

DHT11 类库只用一个成员函数 read ( )。

函数 read ( ) 的功能是读取传感器的数据，并将温度、湿度数据值分别存入 temperature 和 humidity 两个成员变量中。

语法：

```
Dht11.read(pin)
```

Dht11 是一个 dht11 类型的对象。

返回值：int 型值，为下列值之一。

（1）0，对应宏 DHTLIB OK，表示接收到数据且校验正确。

（2）1，对应宏 DHTLIB ERROR CHECKSUM，表示接收到数据但校验错误。

（3）2，对应宏 DHTLIB ERROR-TIMEOUT，表示通信超时。

2. DHT11 数字温湿度传感器硬件连接

如果使用的是 DHT11 温湿度模块，那么直接将其连接到对应的 Arduino 引脚即可。

如果使用的是 DHT11 数字温湿度传感器元件，那么还需要注意它的引脚顺序，其中 NC 为悬空引脚，不用连接。如图 9-9 所示，在 DHT11 的 DATA 引脚与 5V 之间接入了一个 10kΩ 电阻，用于稳定通信电平；在靠近 DHT11 的 VCC 引脚和 GND 之间接入了一个 100nF 的电容，用于滤除电源波动。

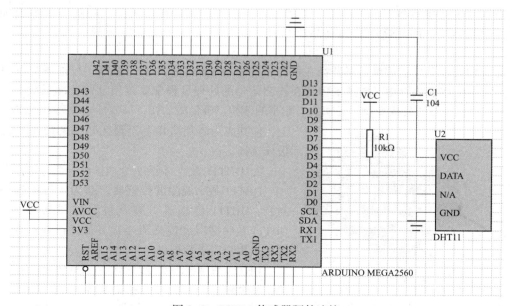

图 9-9　DHT11 传感器硬件连接

3. DHT11 传感器应用程序

在使用 DHT11 传感器时，需要先实例化一个 dht11 类型的对象；再使用 read（）函数读出 DHT11 中的数据，读出的温湿度数据会被分别存储到 temperature 和两个成员变量中。程序代码如下：

```
#include<dht11.h>
//实例化一个 DHT11 对象
dht11 DHT11;
#define Dht11Pin 3                    //定义引脚3连接 DHT11 数据输入端
//初始化函数
void setup(){
  Serial.begin(9600);                 //设置串口通信波特率为9600
}
//主循环函数
void loop(){
  Serial.print("\n");          //换行
  //读取传感器数据
  int chN=DHT11.read(Dht11Pin);
  Serial.print("Read sensor");
  Serial.print("  ");
  switch(chN)
  {
    case DHTLIB_OK:
      Serial.print("OK");
      break;
    case DHTLIB_ERROR_CHECKSUM:
      Serial.print("Checksum Error");
      break;
    case DHTLIB_ERROR_TIMEOUT:
      Serial.print("Time out Error");
      break;
    default:
      Serial.print("Unknown Error");
  }
  //输出湿度、温度数据
  Serial.print("\n");
  Serial.print("Humidity(% ):");
  Serial.print(DHT11.humidity);
  Serial.print("\n");
  Serial.print("Temperature(% ):");
  Serial.print(DHT11.temperature);
  delay(1000);
}
```

DHT11 传感器应用程序运行结果如图 9-10 所示。

图 9-10　程序运行结果

 技能训练

一、训练目标

（1）了解 DHT11 数字温湿度传感器。

（2）学会用 DHT11 数字温湿度传感器测量温度和湿度。

二、训练步骤与内容

1. 建立一个新项目

（1）在 E 盘 A2560 文件夹，新建一个文件夹 I02。

（2）将 Arduino 的 DHT11 类库复制到 Arduino 安装文件夹下的"libraries"内。

（3）启动 Arduino 软件。

（4）选择执行"文件"→"New"，自动创建一个新项目。

（5）选择执行"文件"→"另存为"，打开另存为对话框，选择另存的文件夹 I02，打开文件夹 I02，在文件名栏输入"I002"，单击"保存"按钮，保存 I002 项目文件。

2. 编写控制程序文件

在 I002 项目文件编辑区输入"DHT11 传感器应用"程序，单击"文件"→"保存"，保存项目文件。

3. 编译、下载、调试

（1）按图 9-9 连接电路。

（2）通过 USB 将 Arduino Mega2560 控制板与计算机 USB 端口连接。

（3）单击"项目"→"验证/编译"，或单击工具栏的验证/编译按钮，Arduino 软件首先验证程序是否有误，若无误，程序自动开始编译程序。

（4）等待编译完成，在软件调试提示区，观看编译结果。

（5）单击工具栏的下载按钮，将程序下载到 Arduino Mega2560 控制板，打开串口监视器，观察串口监视器输出窗口显示的数据。

📖 习题 9

1. 根据项目八的超声检测程序，设计一个超声检测的 Arduino 类库，设计 Arduino 类库 SR04 的头文件、源程序文件、高亮显示关键字的 keywords. txt 文本文件。Arduino IDE 软件安装目录的 Libraries 文件夹下新建一个 SR04 的文件夹，复制 SR04 的头文件、源程序文件、高亮显示关键字的 keywords. txt 文本文件到该文件夹，并创建 Arduino 类库 SR04 的示例文件。

2. 应用 Arduino 类库 SR04，在 Arduino Mega2560 控制板的引脚 2、引脚 3 和引脚 5、引脚 6 连接超声波检测模块，设计超声测距控制程序，进行双超声波模块的测距实验。

3. 在网上下载一个 Arduino 的 DHT11 类库压缩文件，解压后，复制到 Arduino IDE 软件安装目录的 Libraries 文件夹下，并应用该 Arduino 的 DHT11 类库进行温湿度检测实验。

项目十　Arduino总线控制

　学习目标

（1）学会 I^2C 总线控制。

（2）学会 SPI 总线控制。

任务 22　I^2C 总线控制

基础知识

一、I^2C 总线

I^2C 总线是 PHLIPS 公司于 20 世纪 80 年代推出的一种串行总线，是具备多主机系统所需的包括总线裁决和高低器件同步功能的高性能串行总线。主要优点是其简单性和有效性。由于接口直接在组件之上，因此 I^2C 总线占用的空间非常小，减少了电路板的空间和芯片管脚的数量，降低了互联成本。I^2C 总线的另一个优点是，它支持多主控，其中任何能够进行发送和接收的设备都可以成为主总线。一个主控能够控制信号的传输和时钟频率。当然，在任何时间点上只能有一个主控。

1. I^2C 总线具备以下特性

（1）只要求两条总线线路。一条是串行数据线（SDA），另一条是串行时钟线（SCL）。

（2）器件地址唯一。每个连接到总线的器件都可以通过唯一的地址和一直存在的简单的主机/从机关联，并由软件设定地址，主机可以作为主机发送器或主机接收器。

（3）多主机总线。它是一个真正的多主机总线，如果两个或更多主机同时初始化数据传输，则可以通过冲突检测和仲裁防止数据被破坏。

（4）传输速度快。串行的 8 位双向数据传输位速率在标准模式下可达 100kbit/s，快速模式下可达 400kbit/s，高速模式下可达 3.4Mbit/s。

（5）具有滤波作用。片上的滤波器可以滤去总线数据线上的毛刺波，保证数据完整。

（6）连接到相同总线的 IC 数量只受到总线的最大电容 400pF 限制。I^2C 总线中的常用术语见表 10-1。

表 10-1　　　　　　　　　　　　　　I^2C 总线常用术语

术语	功能描述
发送器	发送数据到总线的器件
接收器	从总线接收数据的器件
主机	初始化发送、产生时钟信号和终止发送的器件

续表

术语	功能描述
从机	被主机寻址的器件
多主机	同时有多于一个主机尝试控制总线，但不破坏报文
仲裁	是一个在有多个主机同时尝试控制总线，但只允许其中一个控制总线并使报文不被破坏的过程
同步	两个货多个器件同步时钟信号的过程

2. I²C 总线硬件结构图

I²C 总线通过上拉电阻接正电源。当总线空闲时，两根线均为高电平。连到总线上的任一器件输出的低电平，都将使总线的信号变低，即各器件的 SDA 和 SCL 都是线"与"的关系，I²C 总线连接示意图如图 10-1 所示。

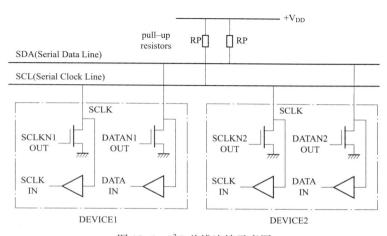

图 10-1 I²C 总线连接示意图

每个连接到 I²C 总线上的器件都有唯一的地址。主机与其他器件间的数据传送可以是由主机发送数据到其他器件，这时主机即为发送器。由总线上接收数据的器件则为接收器。在多主机系统中，可能同时有几个主机企图启动总线传输数据。为了避免混乱，I²C 总线要通过总线仲裁，以决定由那一台主机控制总线。

3. I²C 总线的数据传送

（1）数据位的有效性规定。I²C 总线进行数据传送时，时钟信号为高电平期间，数据线上的数据必须保持稳定，只有在时钟线上的信号为低电平期间，数据线上的高电平或低电平状态才允许变化。I²C 总线数据位的有效性规定如图 10-2 所示。

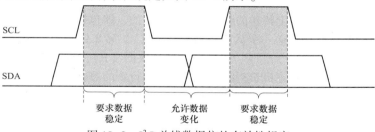

图 10-2 I²C 总线数据位的有效性规定

（2）起始和终止信号。SCL 线为高电平期间，SDA 线由高电平向低电平的变化表示起始信号；SCL 线为高电平期间，SDA 线由低电平向高电平的变化表示终止信号。起始和终止信号如图 10-3 所示。

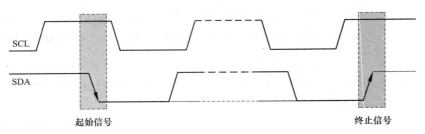

图 10-3 起始和终止信号

起始和终止信号都是由主机发出的，在起始信号产生后，总线就处于被占用的状态；在终止信号产生后，总线就处于空闲状态。

连接到 I²C 总线上的器件，若具有 I²C 总线的硬件接口，则很容易检测到起始和终止信号。对于不具备 I²C 总线硬件接口的有些单片机来说，为了检测起始和终止信号，必须保证在每个时钟周期内对数据线 SDA 采样两次。

接收器件接收到一个完整的数据字节后，有可能需要完成一些其他工作，如处理内部中断服务等，可能无法立刻接收下一个字节，这时接收器件可以将 SCL 线拉成低电平，从而使主机处于等待状态。直到接收器件准备好接收下一个字节时，在释放 SCL 线使之为高电平，从而使数据传送可以继续进行。

（3）数据传送格式。

1）字节传送与应答。每一个字节必须保证是 8 位长度。数据传送时，先传送最高位（MSB），每一个被传送的字节后面都必须跟随一位应答位（即一帧共有 9 位）。数据传送格式与应答如图 10-4 所示。

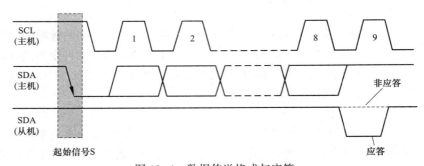

图 10-4 数据传送格式与应答

2）数据帧格式。I²C 总线上传送的数据信号是广义的，即包括地址信号，又包括真正的数据信号。在起始信号后必须传送一个从机的地址（7 位），第 8 位是数据的传送方向（R/T），用"0"表示主机发送数据（T），"1"表示主机接收数据（R）。每次数据传送总是由主机产生的终止信号结束。但是，若主机希望继续占用总线进行新的数据发送，则可以不产生终止信号，马上再次发出起始信号对另一从机进行寻址。

在总线的一次数据传送过程中，可以有以下几种组合方式。

a）主机向从机发送数据，数据传送方向在整个传送过程中不变，格式如下：

S	从机地址	0	A	数据	A	数据	$A/\overline{A}$	P

注：有阴影部分表示数据由主机向从机传送，无阴影部分则表示数据由从机向主机传送。A表示应答，$\overline{A}$表示非应答。S表示起始信号，P表示终止信号。

b）主机在第一个字节后，立即由从机读数据格式如下：

S	从机地址	1	A	数据	A	数据	$\overline{A}$	P

c）在传送过程中，当需要改变传送方向时，起始信号和从地址都被重复产生一次，但两次读/写方向位正好相反，格式如下：

S	从机地址	0	A	数据	$A/\overline{A}$	S	从机地址	1	A	数据	$\overline{A}$	P

（4）I^2C总线的寻址。I^2C总线协议有明确的规定：有7位和10位的两种寻址字节。7位寻址字节的位定义见表10-2。

表10-2   寻址字节位定义表

位	7	6	5	4	3	2	1	0
	从机地址							R/W

D7~D1位组成从机的地址。D0位是数据传送方向位，"0"时表示主机向从机写数据，"1"时表示主机由从机读数据。

主机发送地址时，总线上的每个从机都将这7位地址码与自己的地址进行比较，如果相同，则认为自己正被主机寻址，之后根据R/W位来确定自己是发送器还是接收器。

从机的地址由固定部分和可编程部分组成。在一个系统中可能希望接入多个相同的从机，从机地址中可编程部分决定了可接入总线该类器件的最大数目。如一个从机的7位寻址位有4位固定，3位可编程，那么这条总线上最大能接8（2^3）个从机。

二、存储器 AT24C02

1. AT24C02 概述

AT24C02是一个2K位串行CMOS EEPROM，内部含有256个8位字节。该器件有一个16字节页写缓冲器。器件通过I^2C总线接口进行操作，有一个专门的写保护功能。

2. AT24C02 的特性

（1）工作电压：1.8~5.5V。

（2）输入/输出引脚兼容5V。

（3）输入引脚经施密特触发器滤波抑制噪声。

（4）兼容400kHz。

（5）支持硬件写保护。

（6）读写次数：1 000 000次，数据可保存100年。

3. AT24C02 的封装及引脚定义

AT24C02的封装形式有6种之多，MGMC-V2.0实验板上选用的是SOIC8P的封装，AT24C02管脚定义如图10-5所示，其引脚描述见表10-3。

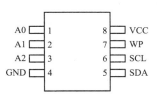

图10-5 AT24C02 引脚定义

表 10-3　　　　　　　　　　　　　　　　**AT24C02 引脚描述表**

管脚名称	功能描述
A2、A1、A0	器件地址选择
SCL	串行时钟
SDA	串行数据
WP	写保护（高电平有效。0→读写正常；1→只能读，不能写）
VCC	电源正端（+1.6V~6V）
GND	电源地

4. AT24C02 的时序图

AT24C02 的时序图如图 10-6 所示。

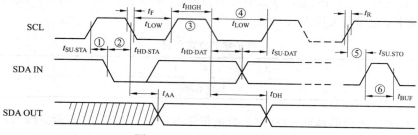

图 10-6　AT24C02 的时序图

时间参数说明如下：

（1）在 100kHz 下，至少需要 4.7μs；在 400kHz 下，至少要 0.6μs。

（2）在 100kHz 下，至少需要 4.0μs；在 400kHz 下，至少要 0.6μs。

（3）在 100kHz 下，至少需要 4.0μs；在 400kHz 下，至少要 0.6μs。

（4）在 100kHz 下，至少需要 4.7μs；在 400kHz 下，至少要 1.2μs。

（5）在 100kHz 下，至少需要 4.7μs；在 400kHz 下，至少要 0.6μs。

（6）在 100kHz 下，至少需要 4.7μs；在 400kHz 下，至少要 1.2μs。

5. 存储器与寻址

AT24C02 的存储容量为 2kbit，内部分成 32 页，每页为 8B，那么共 32×8B=256B，操作时有两种寻址方式：芯片寻址和片内子地址寻址。

（1）bit：位。二进制数中，一个 0 或 1 就是一个 bit。

（2）Byte：字节。8 个 bit 为一个字节，这与 ASCII 的规定有关，ASCII 用 8 位二进制数来表示 256 个信息码，所以 8 个 bit 定义为一个字节。

（3）存储器容量。一般芯片给出的容量为 bit（位），例如上面的 2Kb。还有以后读者可能接触到的 Flash、DDR 都是一样的。还有一点，这里的 2Kb 将零头未写，确切地说应该是 256b×8=2048b。

（4）芯片地址。AT24C02 的芯片地址前面固定的为 1010，那么其地址控制字格式就为 1010A2A1A0R/W。其中 A2、A1、A0 为可编程地址选择位。R/W 为芯片读写控制位，"0" 表示对芯片进行写操作；"1" 表示对芯片进行读操作。

（5）片内子地址寻址。芯片寻址可对内部 256B 中的任一个进行读/写操作，其寻址范围为 00~FF，共 256 个寻址单元。

6. 读/写操作时序

串行 E^2PROM 一般有两种写入方式：一种是字节写入方式，另一种是页写入方式。页写入方式可提高写入效率，但容易出错。AT24C 系列片内地址在接收到每一个数据字节后自动加1，故装载一页以内数据字节时，只需输入首地址，如果写到此页的最后一个字节，主器件继续发送数据，数据将重新从该页的首地址写入，进而造成原来的数据丢失，这也就是地址空间的"上卷"现象。解决"上卷"的方法是：在第 8 个数据后将地址强制加 1，或是给下一页重新赋首地址。

（1）字节写入方式。在一次数据帧中只访问 E^2PROM 的一个单元。该方式下，单片机先发送启动信号，然后送一个字节的控制字，再送一个字节的存储器单元子地址，上述几个字节都得到 E^2PROM 响应后，再发送 8 位数据，最后发送 1 位停止信号，表示一切操作 OK。字节写入方式格式如图 10-7 所示。

图 10-7　字节写入方式格式

（2）页写入方式。在一个数据周期内可以连续访问 1 页 E^2PROM 存储单元。在该方式中，单片机先发送启动信号，接着送一个字节的控制字，在送 1 个字节的存储器起始单元地址，上述几个字节都得到 E^2PROM 应答后就可以发送 1 页（最多）的数据，并将顺序存放在以指定起始地址开始的相继单元中，最后以停止信号结束。页写入帧格式如图 10-8 所示。

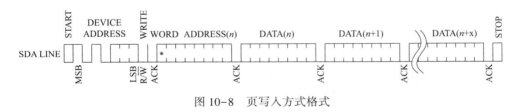

图 10-8　页写入方式格式

读操作和写操作的初始化方式和写操作时一样，仅把 R/W 位置为 1。有三种不同的读操作方式：立即/当前地址读、选择/随机读和连续读。

（3）立即/当前地址读。读地址计数器内容为最后操作字节的地址加 1。也就是说，如果上次读/写的操作地址为 N，则立即读的地址从地址 N+1 开始。在该方式下读数据，单片机先发送启动信号，然后送一个字节的控制字，等待应答后，就可以读数据了。读数据过程中，主器件不需要发送一个应答信号，但要产生一个停止信号。立即/当前地址读格式如图 10-9 所示。

（4）选择/随机读。读指定地址单元的数据。在发出启动信号后接着发送控制字，该字节必须含有器件地址和写操作命令，等 E^2PROM 应答后再发送 1 个（对于 2Kb 的范围为：00 ~ FFh）字节的指定单元地址，E^2PROM 应答后再发送一个含有器件地址的读操作控制字，此时如果 E^2PROM

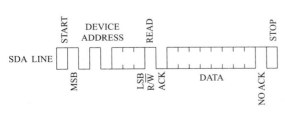

图 10-9　立即/当前地址读格式

做出应答，被访问单元的数据就会按 SCL 信号同步出现在 SDA 上，主器件不发送应答信号，但要产生一个停止信号。选择/随机读格式如图 10-10 所示。

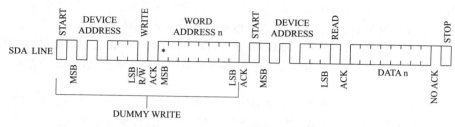

图 10-10   选择/随机读格式

（5）连续读。连续读操作可通过立即读或选择性读操作启动。接收到每个字节数据后应做出应答，只要 E²PROM 检测到应答信号，其内部的地址寄存器就自动加 1（即指向下一单元），并顺序将指向单元的数据送达到 SDA 串行数据线上。当需要结束操作时，单片机接收到数据后在需要应答的时刻发生一个非应答信号，接着再发送一个停止信号即可。连续读数据帧格式如图 10-11 所示。

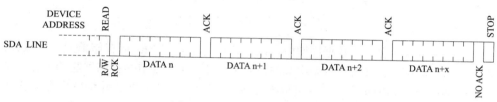

图 10-11   连续读数据帧格式

7. 硬件设计

AT24C02 的硬件原理如图 10-12 所示。

关于硬件设计，这里主要说明两点。

（1）WP 直接接地，意味着不写保护；SCL、SDA 分别接了 Arduino 控制板的 SCL、SDA；由于 AT24C02 内部总线是漏极开路形式的，所以必须要接上拉电阻（R2、R13）。

（2）A2、A1、A0 全部接地。前面原理说明中提到了器件的地址组成形式为：1010 A2A1A0 R/W（R/W 由读写决定），既然 A2、A1、A0 都接地了，因此该芯片的地址就是：1010 000 R/W。

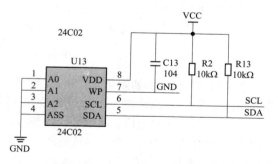

图 10-12   AT24C02 的硬件原理

三、I²C 总线的使用及 Wire 类库的使用

1. I²C 总线引脚

一般串口通信双方需事先约定同样的通信速率才可进行正常通信，而在 I²C 中，通信速率控制是由主机完成，主机通过 SCL 引脚输出的时钟信号供总线上的所有从机使用。

I²C 是一种半双工通信方式，即总线上的设备通过 SDA 引脚传输通信数据，数据的发送和接收由主机控制，切换进行。

在 Arduino Mega2560 控制板，数据引脚 SDA 和时钟引脚 SCL 一般位于引脚 20 和引脚 21。
SDA、SCL 引脚如图 10-13 所示。

图 10-13　SDA、SCL 引脚

I^2C 上的所有通信都是由主机发起，总线上的设都有各自的地址。主机可以通过这些地址
向任一设备发起连接，从机响应请求并建立连接后，便可以进行 I^2C 通信。

2. Wire 类库的成员函数

对于 I^2C 通信，Arduino IDE 软件自带了一个第三方类库 Wire。在 Wire 类库中定义了通信
用的成员函数。

（1）begin（）函数。begin（）函数用于初始化 IIC 连接，并作为主机或者从机设备加入
IIC 总线。

语法：

```
begin()
begin(address)
```

参数：

address，一个 7 位的从机地址。如果没有该参数，设备将以主机形式加入 I^2C 总线。

返回值：无

第 1 种形式，begin（）函数没有填写参数时，设备会以主机模式加入 I^2C 总线；

第 2 种形式，begin（address）填写了参数时，设备会以从机模式加入 I^2C 总线，address 可
以设置为 0~127 中的任意地址。

（2）requestFrom（）函数。requestFrom（）函数用于主机向从机发送数据请求信号。

使用 requestFrom（）后，从机端可以使用 onRequest（）注册一个事件用以响应主机的请
求；主机可以通过 available（）和 read（）函数读取这些数据。

语法：

```
Wire. requestFrom(address,quantity)
Wire. requestFrom(address,quantity,stop)
```

参数：

address：设备的地址。

quantity：请求的字节数。

stop：boolean 型数据，当它为 true 时将发送一个停止信息，释放 I^2C 总线；当它为 false
时，将发送一个重新开始信息，并继续保持 I^2C 总线的有效连接。

（3）beginTransmission（）函数。beginTransmission（）函数用于设定传输数据到指定地址
的从机设备。随后可以使用 write（）函数发送数据，并搭配 endTransmission（）函数结束数据
传输。

语法：

```
wire. beginTransmission(address)
```

参数：

address：要发送的从机的 7 位地址。

返回值：无。

（4）endTransmission（）函数。endTransmission（）函数结束数据传输。

语法：

```
wire.endTransmission()
wire.endTransmission(stop)
```

参数：

stop：boolean 型数据，当它为 true 时将发送一个停止信息，释放 I²C 总线；当它为 false 时，将发送一个重新开始信息，并继续保持 I²C 总线的有效连接。当没有填写参数时，相当于 true，将发送一个停止信息，释放 I²C 总线。

返回值：

byte 型值，表示本次传输的状态，取值为：①0，成功；②1，数据过长，超出发送缓冲区；③2，在地址发送时接收到 NACK 信号；④3，在数据发送时接收到 NACK 信号；⑤4，其他错误。

（5）write（）函数。write（）函数用于发送数据。当为主机状态时，主机将要发送的数据加入发送队列；当为从机状态时，从机发送数据至发起请求的主机。

语法：

```
Wire.write(value)
Wire.write(string)
Wire.write(data,length)
```

参数：

value：以单字节发送。

string：以一系列字节发送。

data：以字节形式发送数组。

Length：传输的字节数。

返回值：byte 型值，返回输入的字节数。

（6）available（）函数。available（）函数返回接收到的字节数。在主机中，一般用于主机发送数据请求后；在从机中，一般用于数据接收中。

语法：

```
Wire.available()
```

参数：无。

返回值：可读取的字节数。

（7）read（）函数。read（）函数用于读取 1 字节数据。在主机中，当使用 requestFrom（）函数发送数据请求信号后，需要使用 read（）函数来获取数据；在从机中需要使用该函数读取主机发送来的数据。

语法：

```
Wire.Read()
```

参数：无。

返回值：读到的字节数。

（8）onReceive（）函数。onReceive（）函数可在从机端注册一个事件，当从机收到主机发送的数据时即被触发。

语法：

`Wire.onReceive(handler)`

参数：

handler：当从机接收到数据时可被触发的事件。该事件带有一个 int 数（从主机读到的字节数）且没有返回值，如 void myHandler（int numBytes）。

（9）onRequest（）函数。onRequest（）函数用于注册一个事件，当从机接收到主机的数据请求时即被触发。

语法：

`Wire.onRequest(handler)`

参数：

handler：可被触发的事件。该事件不带参数和返回值。

如：void myHandler（）。

3. I^2C 连线方法

Arduino Mega2560 控制板与 Arduino UNO 控制板，可以通过 SCL、SDA 接口一一对应连接来建立 IIC 连接，电源分别对应连接，I^2C 连线如图 10-14 所示。

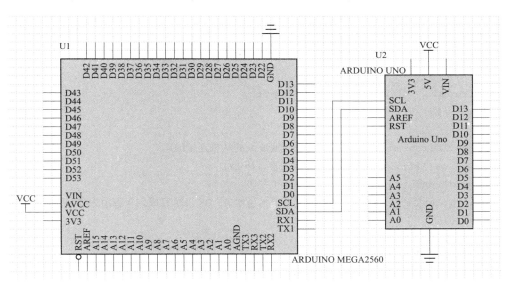

图 10-14 I^2C 连线

4. 主机写数据，从机接收数据

（1）控制要求。主机接收编译器串口监视器发送数字 1，2 来控制从机的 LED 亮与灭。

（2）主机控制过程。

1）使用 Wire.begin（）初始化主机 I^2C 总线，当函数不带参数时，则以主机方式加入 I^2C 总线。

2）通过 Serial.begin（9600）启动串口，设置波特率为 9600bit/s。

3）主机接收串口发来的数据，通过 Serial. read（）读串口数据，并存入变量 val。

4）如果数据为 1，与地址为 6 的从机连机通信。

5）通过 Wire. send（'1'）发送数据给从机，发送'1'开 LED，然后通过 Wire. endTransmission（）停止发送。

6）通过 Serial. println（"49 OK"）语句实现串口打印，"49 OK"表示完成，49 表示为 1 的 ASCII 码。

7）如果数据不是 1，而是 2，启动与地址为 6 的从机连机通信。

8）通过 Wire. send（'0'）发送数据给从机，发送'0'关 LED，然后通过 Wire. endTransmission（）停止发送。

9）通过 Serial. println（"50 OK"）语句实现串口打印，"50 OK"表示完成，50 表示为数字 2 的 ASCII 码。

（3）主机控制代码。

```
#include<Wire.h>
void setup()
{
Wire.begin();                    //启动 I²C 总线,地址默认表示为主机
Serial.begin(9600);              //启动串口,设置波特率为 9600
Serial.println("Ready");         //发送字符
}
void loop()
{
int val;
if(Serial.available()>0)         //判断串口缓冲器是否有数据装入
{
val=Serial.read();               //读串口
if(val==49)                      //1
{
Wire.beginTransmission(6);       //与地址 6 的从机连接通讯
Wire.write('1');                 //发送 1 开 LED
Wire.endTransmission();          //停止发送
Serial.println("49 OK");         //串口上显示 49 OK 表示完成,49 表示为数字 1 的 ASCII 码
delay(30);                       //
}
else if(val==50)                 //2
{
Wire.beginTransmission(6);       //与地址 6 的从机连接通信
Wire.write('0');                 //发送 0 关 LED
Wire.endTransmission();          //停止发送
Serial.println("50 OK");         //串口上显示 50 OK 表示完成
delay(30);
}
else Serial.println(val);
}
```

}

（4）从机控制过程。

1）在从机初始化中设置 13 号引脚端口为输出模式。

2）通过 Wire. begin（6）语句设置从机地址为 6。

3）通过 Wire. onReceive（receiveEvent）语句，从机接收主机发来的数据。

4）在主循环中，通过 delay（100）语句使循环间隔为 100ms，保证接收数据、处理数据的过程不受影响。

5）当主机发送数据被从机接收时，从机触发 receiveEvent（）事件.

6）从机接收主机发给地址为 6 的从机数据，如果接收数据为 1，通过 digitalWrite（LED，HIGH）语句点亮 LED。

7）如果数据为 0，通过 digitalWrite（LED，LOW）语句关闭 LED。

（5）从机控制代码。

```
#include <Wire.h>
int LED=13;
void setup()
{
Wire.begin(6);                    //设置从机地址为 6
Wire.onReceive(receiveEvent);     //从机接收主机发来的数据
pinMode(LED,OUTPUT);              //设置 IO 口为输出模式
}
void loop()
{
delay(100);
}
void receiveEvent(int howMany)    //接收从主机发过来的数据
{
intd=Wire.read();                 //接收单个字节
if(d=='1')
{
digitalWrite(LED,HIGH);           //如果为 1 开 LED
}
else if(d=='0')
{
digitalWrite(LED,LOW);            //如果为 0 关 LED
}
}
```

5. 从机发数据，主机读数据

（1）控制要求。两台 anArduino UNO 控制器，通过 I²C 总线连接，一主一从，主机在向从机发送数据后，使用串口输出获取数据。

（2）主机控制程序。单击执行"文件"菜单下的"示例"子菜单下的"Wire"下的"maste_reader"菜单项命令，可以找到主机控制代码。

```
//Wire Master Reader
//by Nicholas Zambetti <http://www. zambetti.com>
//Demonstrates use of the Wire library
//Reads data from an I²C/TWI slave device
//Refer to the "Wire Slave Sender" example for use with this
//Created 29 March 2006
//This example code is in the public domain.

#include <Wire. h>
//初始化程序代码
void setup()
{
  Wire. begin();                //作为主机加入 I²C 通信
  Serial. begin(9600);          //初始化串口,设置波特率 9600
}
//主循环程序代码
void loop()
{
  Wire. requestFrom(8,6);       //向 8 号从机请求 6B 数据

  while(Wire. available())      //等待从机发送数据
  {
    char c=Wire. read();        //将数据作为字符
    Serial. print(c);           //串口输出字符
  }

  delay(500);                   //延时 500ms
}
```

(3) 从机控制程序。单击执行"文件"菜单下的"示例"子菜单下的"Wire"下的"slave_sender"菜单项命令,可以找到从机控制代码。

```
//Wire Slave Sender
//by Nicholas Zambetti <http://www. zambetti.com>
//Demonstrates use of the Wire library
//Sends data as an I²C/TWI slave device
//Refer to the "Wire Master Reader" example for use with this
//Created 29 March 2006
//This example code is in the public domain.

#include <Wire. h>
void setup()
{
  Wire. begin(8);          //作为地址为 8 号从机加入 I²C 总线
  Wire. onRequest(requestEvent);      //注册一个事件,用于主机的数据请求
```

```
}
//主循环程序代码
void loop()
{
  delay(100);//延时 100ms
}

//每当主请求数据时,该函数就会执行
//在 setup()中,该函数注册了一个事件
void requestEvent()
{
  Wire.write("hello ");   //用 6B 的数据回应主机的请求,hello 后带有一个空格
}
```

技能训练

一、训练目标

（1）了解 I^2C 总线。

（2）学会用 I^2C 总线进行数据通信。

二、训练步骤与内容

1. 建立一个工程

（1）在 E 盘 A2560 文件夹，新建一个文件夹 J01。

（2）启动 Arduino 软件。

（3）选择"文件"→"New"，自动创建一个新项目。

（4）选择"文件"→"另存为"，打开另存为对话框，打开文件夹 J01，选择另存的文件夹 J01，在文件名栏输入"J001"，单击"保存"按钮，保存 J001 项目文件。

2. 编写主机控制程序文件

在 J001 项目文件编辑区输入"主机写数据的主机控制代码"程序，单击执行文件菜单下"保存"菜单命令，保存项目文件。

3. 编译、下载、调试程序

（1）通过 USB 将 Arduino Mega2560 控制板与计算机 USB 端口连接。

（2）单击"项目"→"验证/编译"，或单击工具栏的"验证/编译"按钮，Arduino 软件首先验证程序是否有误，若无误，程序自动开始编译程序。

（3）等待编译完成，在软件调试提示区，观看编译结果。

（4）单击工具栏的下载按钮，将程序下载到 Arduino Mega2560 控制板。

（5）打开串口观察窗口，单击底部的设置回车与换行的下拉箭头，选择"没有结束符"选项。

（6）在串口观察窗口的发送区输入数字"1"，观察串口输出窗口显示的内容。

（7）在串口观察窗口的发送区输入数字"2"，观察串口输出窗口显示的内容。

4. 编写从机控制程序文件

在 J01 文件夹新建一个项目文件"J002"。在 J002 项目文件编辑区输入"从机写数据的从机接收数据代码"程序，单击执行文件菜单下"保存"菜单命令，保存项目文件。

5. 编译、下载、调试程序

（1）通过 USB 将从机 Arduino UNO 控制板与计算机 USB 端口连接。

（2）单击"项目"→"验证/编译"，或单击工具栏的"验证/编译"按钮，Arduino 软件首先验证程序是否有误，若无误，程序自动开始编译程序。

（3）等待编译完成，在软件调试提示区，观看编译结果。

（4）单击工具栏的下载按钮，将程序下载到从机 Arduino UNO 控制板。

6. 双机通信调试

（1）按图 10-14 的 I²C 连线方式连接主机和从机。

（2）通过 USB 将主机 Arduino Mega2560 控制板与计算机 USB 端口连接。

（3）打开主机 Arduino IDE 软件的串口观察窗口，在串口观察窗口发送区输入数字"1"，单击发送按钮，观察从机的 LED 状态。

（4）在主机串口观察窗口发送区输入数字"2"，单击发送按钮，观察从机的 LED 状态。

任务 23　SPI 总线应用

 基础知识

一、SPI 总线

1. SPI 串口

SPI（Serial Peripheral Interface，串行外设接口）总线系统是一种同步串行外设接口，它可以使 MCU 与各种外围设备以串行方式进行通信以交换信息。

SPI 总线可连接的外围设备包括 FLASHRAM、网络控制器、LCD 显示驱动器、A/D 转换器和 MCU 等。

SPI 总线设备连接如图 10-15 所示。

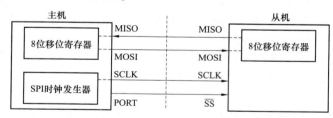

图 10-15　SPI 总线设备连接

SPI 总线系统可直接与各个厂家生产的多种标准外围器件直接接口，该接口一般使用 4 条线：串行时钟线（SCLK）、主机输入/从机输出数据线 MISO、主机输出/从机输入数据线 MOSI 和低电平有效的从机选择线 NSS（有的 SPI 接口芯片带有中断信号线 INT、有的 SPI 接口芯片没有主机输出/从机输入数据线 MOSI）。

（1）SPI 同步串行口信号线。SPI 同步串行口由 4 根信号线组成，4 条信号线的功能如下。

1）MOSI 线。主器件输出和从器件输入线，用于主器件到从器件的串行数据传输。根据 SPI 规范，一个主机可连接多个从机，主机的 MOSI 信号线可连接多个从机，多个从机共享一根 MOSI 信号线。在时钟边界的前半周期，主机将数据放在 MOSI 信号从机在该边界处获取该数据。

2）MISO 线。主器件输入和从器件输出线，用于实现从器件到主器件的数据传输。根据

SPI 规范，一个主机可连接多个从机，主机的 MISO 信号线可连接多个从机，即多个从机共享一根 MISO 信号线。当主机与一个从机通信时，其他从机应将其 MISO 引脚设置为高阻状态。

3）SCLK 线。串行时钟信号线，是主器件的输出和从器件的输入线，用于同步主器件和从器件之间在 MOS1 和 MISO 线上的串行数据传输。当主器件启动一次数据传输时，自动产生 8 个时钟信号给从机。在 SCLK 的每个跳变处（上升沿或下降沿）移出一位数据，一次传输一个字节的数据。

4）$\overline{SS}$ 线从机选择信号线，低电平有效，主器件用它来选择处于从模式的 SPI 模块。在主模式下，SPI 接口只能有一个主机，不存在主机选择问题，此时 $\overline{SS}$ 不是必需的。主模式下，主机的 $\overline{SS}$ 引脚通过 10kΩ 的电阻上拉到高电平。从模式下，主机用一根 I/O 线连接从机的 $\overline{SS}$ 引脚，并由主机控制 $\overline{SS}$ 的电平高低，以便主机选择从机。在从模式下，$\overline{SS}$ 信号必须有效。

（2）SPI 同步串行口工作模式。SPI 接口具有主模式和从模式 2 种工作方式，主模式下支持 3Mbit/s 以上的传输速率，还具有传输完成和写冲突标志保护。

对于主模式，若要发送 1 个字节数据，只要将这个数据写入数据寄存器 SPDAT 中。主模式下 $\overline{SS}$ 信号不是必须的，但在从模式下，则必须在 $\overline{SS}$ 信号有效并接收到合适的时钟信号后，才能进行数据传输。

从模式下，如果 1 个字节传输完成后，$\overline{SS}$ 信号变为高电平，立刻被硬件逻辑标志为接收完成，SPI 接口准备接收下一个数据。任何 SPI 控制寄存器的改变都将复位 SPI 接口，并清 0 相关寄存器。

2. SPI 同步串口的通信方式

SPI 接口有三种数据通信方式：单主机—单从机方式、双器件方式、单主机—多从机方式。

3. Arduino Mega2560 控制板的 SPI 引脚

在 SPI 主从通信模式中，主机负责输出时钟信息机选通信的从设备。时钟信号或通过主机的 SCLK 引脚输出，提供给从机使用。而对于通信从机选择，是有主机上的 CS 引脚决定，当 CS 为低电平时，从机被选中；当 CS 为高电平时，从机被断开。数据通信通过 MOSI 和 MISO 进行。

Arduino Mega2560 控制板的 SPI 引脚包括 CS（引脚 10）、SCLK（引脚 11）、MISO（引脚 12）、MOSI（引脚 13）。

4. SPI 的从设备选择

在大多数情况下 Arduino 都是作为主机使用的，并且 Arduino 的 SPI 类库没有提供 Arduino 作为从机的 API。如果在一个 SPI 总线上连接了多个 SPI 从设备，那么在使用某一从设备时，需要将该从设备的 CS 引脚拉低，以选中该设备；并且需要将其他从设备的 CS 引脚拉高，以释放这些暂时未使用的设备。在每次切换连接不同的从设备时，都需要进行这样的操作来选择从设备。

需要注意的是，虽然 SS 引脚只有在作为从机时才会使用，但即使不使用 SS 引脚，也需要将其保持为输出状态，否则会造成 SPI 无法使用的情况。

5. SPI 类库成员函数

Arduino 的 SPI 类库定义在 SPI.h 头文件中。该类库只提供了 Arduino 作为 SPI 主机的 API，其成员函数如下。

（1）begin（）。函数 begin（）的功能是初始化 SPI 通信。调用该函数后，SCK、MOSI、SS 引脚将被设置为输出模式，且 SCK 和 MOSI 引脚被拉低，SS 引脚被拉高。

语法：

```
SPI.begin()
```

参数、返回值：无。

（2）end（）。函数 end（）的功能是关闭 SPI 总线通信。

语法：

```
SPI.end()
```

参数、返回值：无。

（3）setBitOrder（）。函数 setBitOrder（）的功能是设置传输顺序。

语法：

```
SPI.setBitOrder(order)
```

参数：

order：传输顺序。取值为：MSBFIRST，高位在先；LSBFIRST，低位在先。

返回值：无。

（4）setClockDivide（）。函数 setClockDivide（）用于设置通信时钟。时钟信号有主机产生，从机不用配置。但主机的 SPI 时钟信号频率应该在从机允许的处理速度范围内。

语法：

```
SPI.setClockDivider(divider)
```

参数：

divider：SPI 通信的时钟是由系统时钟分频得到的。可使用的分频配置为：①SPI_CLOCK_DIV2，2 分频；②SPI_CLOCK_DIV4，4 分频；③SPI_CLOCK_DIV8，8 分频；④SPI_CLOCK_DIV16，16 分频；⑤SPI_CLOCK_DIV32，32 分频；⑥SPI_CLOCK_DIV64，64 分频；⑦SPI_CLOCK_DIV128，128 分频。

返回值：无。

（5）setDataMode（）。函数 setDataMode（）功能是设置数据模式。

语法：

```
SPI.setDataMode(mode)
```

返回值：无。

参数：

mode：可配置的模式有 SPI_MODE0、SPI_MODE1、SPI_MODE2、SPI_MODE3。

SPI 有四种工作模式，各个工作模式的不同在于 SCLK 不同，具体工作由 CPOL，CPHA 决定。

CPOL：（Clock Polarity），时钟极性。当 CPOL 为 0 时，时钟空闲时候的电平是低电平；当 CPOL 为 1 时，时钟空闲时候的电平是高电平。

CPHA：（Clock Phase），时钟相位。当 CPHA 为 0 时，时钟周期的前一边缘采集数据；当 CPHA 为 1 时，时钟周期的后一边缘采集数据。

CPOL 和 CPHA，分别都可以是 0 或时 1，对应的四种组合见表 10-4。

表 10-4   **SPI 工作模式**

模式	CPOL	CPHA
MODE0	0	0
MODE1	0	1
MODE2	1	0
MODE3	1	1

（6）transfer（ ）。函数 transfer（ ） 功能是传送 1B 的数据，参数为发送的数据，返回值为接收到的数据。

SPI 是全双工通信，因此每发送 1B 的数据，也会接收到 1B 的数据。

语法：

```
SPI.transfer(val)
```

参数：

val：要发送的字节数据。

返回值：读到的字节数据。

二、软件模拟 SPI 通信

使用 SPI 时，必须将设备连接到 Arduino 指定的 SPI 引脚上。但是在不同型号的 Arduino 上，SPI 的引脚位置都不一样，甚至有一些基于 Arduino 的第三方开发板，并没有提供 SPI 接口。这时便可以使用 Arduino 提供的模拟 SPI 通信功能。

使用模拟 SPI 通信可以指定 Arduino 上的任意数字引脚为模拟 SPI 引脚，并与其他 SPI 器件连接进行通信。

Arduino 提供了两个相关的 API 用于实现模拟 SPI 通信

（1）shiftOut（ ）。

函数 shiftOut（ ） 的功能是模拟 SPI 串行输出。

语法：

```
shiftOut(dataPin,clockPin,bitOrder,value)
```

参数：

dataPin：数据输出引脚。

clockPin：时钟输出引脚。

bitOrder：数据传输顺序，MSBFIRST，高位在先；LSBFIRST，低位在先。

value：传输的数据。

（2）shiftIn（ ）。函数 shiftIn（ ） 功能是模拟 SPI 串行输入。

语法：

```
shiftIn(dataPin,clockPin,bitOrder)
```

参数：

dataPin：数据输入引脚

clockPin：时钟输入引脚。

bitOrder：数据传输顺序，MSBFIRST，高位在先；LSBFIRST，低位在先。

返回值：输入的串行数据。

三、SPI 同步串口应用程序设计

1. 驱动 8 位数码管电路

Arduino Mega2560 控制板驱动 8 位数码管电路如图 10-16 所示。

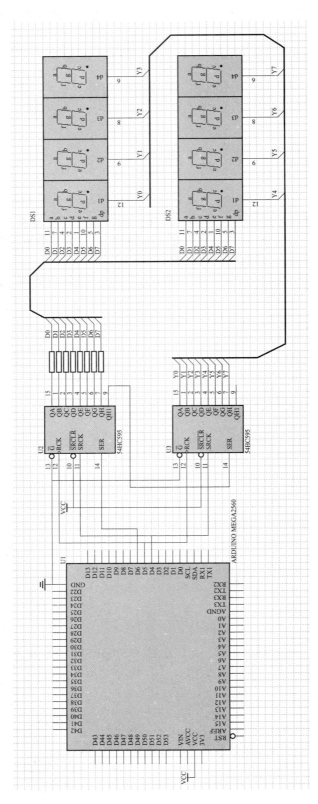

图 10-16 驱动 8 位数码管电路

2. 驱动 8 位数码管程序

```
//定义数字引脚
int latch=4;
int srclk=5;
int ser=6;
//段码
const unsigned charduanMa[10]={
  0x3f,0x06,0x5b,0x4f,0x66,0x6d,0x7d,0x07,0x7f,0x6f};
unsigned char constweiMa[]={
  0xfe,0xfd,0xfb,0xf7,0xef,0xdf,0xbf,0x7f};
//初始化设置
void setup(){
    //595 芯片控制
    pinMode(latch,OUTPUT);
    pinMode(ser,OUTPUT);
    pinMode(srclk,OUTPUT);
}

//主循环
void loop(){
  char n;
  for(n=0;n<8;n++){
shiftOut(ser,srclk,MSBFIRST,duanMa[n]);        //移位输出段码数据
shiftOut(ser,srclk,MSBFIRST,weiMa[n]);         //移位输出段码数据
    digitalWrite(latch,1);                     //数据锁存
    digitalWrite(latch,0);                     //解除数据锁存
    delay(2);                                  //延时 2ms
    }
}
```

技能训练

一、训练目标

（1）了解 SPI 总线。
（2）学会用 SPI 总线进行输出扩展。

二、训练步骤与内容

1. 建立一个工程
（1）在 E 盘 A2560 文件夹，新建一个文件夹 J03。
（2）启动 Arduino 软件。
（3）选择 "文件"→"New"，自动创建一个新项目。
（4）选择 "文件"→"另存为"，打开另存为对话框，选择另存的文件夹 J03，打开文件夹

J003，在文件名栏输入"J003"，单击"保存"按钮，保存 J003 项目文件。

2．编写控制程序文件

在 J003 项目文件编辑区输入"驱动 8 位数码管"程序，单击执行文件菜单下"保存"菜单命令，保存项目文件。

3．编译

（1）通过 USB 将 Arduino Mega2560 控制板与计算机 USB 端口连接。

（2）单击"项目"→"验证/编译"，或单击工具栏的"验证/编译"按钮，Arduino 软件首先验证程序是否有误，若无误，程序自动开始编译程序。

（3）等待编译完成，在软件调试提示区，观看编译结果。

4．下载、调试程序

（1）将 Arduino Mega2560 控制板与计算机 USB 端口断开。

（2）按图 10-16 电路，将 Arduino Mega2560 控制板与 74HC595、数码管进行电路连接。

（3）将 Arduino Mega2560 控制板与计算机 USB 端口连接。

（4）单击工具栏的下载按钮，将程序下载到 Arduino Mega2560 控制板，观察数码管的状态变化。

习题 10

1．利用 I^2C 总线技术，通过两块 Arduino Mega2560 控制板进行 I^2C 通信，用 Arduino Mega2560 控制板 A 控制 Arduino Mega2560 控制板 B 的 LED，Arduino Mega2560 控制板 A 发送'1'开 Arduino Mega2560 控制板 B 的 LED，Arduino Mega2560 控制板 A 发送'0'关 Arduino Mega2560 控制板 B 的 LED。

2．编写 Arduino Mega2560 控制程序，利用 I^2C 总线技术，控制 AT24C02，统计 Arduino Mega2560 控制板的开关机次数。

3．编写 Arduino Mega2560 控制程序，利用 SPI 技术和 74HC595 控制 8 只 LED 指示灯循环逐个点亮与循环逐个熄灭。

项目十一 Arduino存储控制

学习目标

（1）了解 EEPROM 存储器。

（2）学会 EEPROM 的写入与读出。

任务 24　应用 EEPROM 存储器

基础知识

一、EEPROM 存储器

EEPROM（Electrically Erasable ProgrammableRead-Only Memory），电可擦可编程只读存储器，是一种掉电后数据不丢失的存储芯片。

EEPROM（带电可擦写可编程只读存储器）是用户可更改的只读存储器，使用的时候可频繁地反复编程，常被用于设备的工作数据的保存和配置参数的保存。掉电后数据需要记录的数据，就可使用 EEPROM。

1. Arduino 的 EEPROM

使用 AVR 芯片的 Arduino 控制器均带有 EEPROM，Arduino 也可使用外接的 EEPROM。Arduino Mega2560 控制板的 EEPROM 空间是 4KB。

在 Arduino 的 EEPROM 类库中，EEPROM 的地址被定义为从 0 开始，Arduino Mega2560 控制板中的 EEPROM 地址为 0~4095，每个地址可以存储 1B 的数据，当数据大于 1B 时，可以逐个字节读/写。

2. EEPROM 类库成员函数

Arduino 已经准备好了 EEPROM 类库，只需先调用 EEPROM. h 头文件，然后使用 write（）和 read（）函数即可对 EEPROM 进行读/写操作。

（1）write（）。EEPROM 类库成员函数 write（）的功能是对指定地址写入数据。

语法：

```
EEPROM.write(address,value)
```

参数：

address：EEPROM 地址，起始地址为 0。

Value：写入数据，byte 型。

返回值：无

（2）read（）。EEPROM 类库成员函数 read（）的功能是从指定地址读出数据。一次读/写

1B 数据。如果指定的地址没有写入数据，则读出值为 255。

语法：

```
EEPROM.read(address)
```

参数：

address：EEPROM 地址，起始地址为 0。

返回值：返回指定地址存储的 byte 型数据。

3. EEPROM 写入

要向 EEPROM 中写入数据，只需使用 EEPROM.Write（address，value）语句，Arduino 即会将数值 value 写入 EEPROM 的地址 address 中。

需要注意的是，EEPROM 有 100000 次的擦写寿命，一次 EEPROM.Write（）语句占用 3ms，如果程序不断地擦写 EEPROM，很快就会损坏 EEPROM。所以当在 loop（）中使用 EEPROM.Write（）时，应当使用延时或其他操作，以尽量避免频繁的擦写 EEPROM。

单击执行"文件"→"示例"→"EEPROM"→"eeprom_write"，可以查看 EEPROM 写代码程序。

```
/*
 * EEPROM Write
 * Stores values read from analog input 0 into the EEPROM.
 * These values will stay in the EEPROM when the board is
 * turned off and may be retrieved later by another sketch.
 */

#include <EEPROM.h>

//EEPROM 的当前地址,即将要写入的地址,这里从 0 开始写
int addr=0;
void setup() { }
void loop()
{
  //模拟量读出值为 0~1023,每字节大小为 0~255,需要将模拟值除以 4 存放到 val 中
  int val=analogRead(0)/4;
  //写入数据到 EEPROM 空间,即使断电,数据也会保存在 EEPROM
  EEPROM.write(addr,val);
  //逐字节写入数据
//当写到结束时,重新从 0 开始写
  addr=addr+1;
  if(addr==EEPROM.length())
   addr=0;
 delay(100);
}
```

一个 EEPROM 地址中可以存放 1B 的数据，因此将读到的模拟值除以 4，以便放到 EEPROM 中。此外还需要通过程序末尾的 delay（100）语句，适当降低数据写入 EEPROM 的

频率，以免频繁擦写对 EEPROM 造成损坏。

4. EEPROM 读出

为了验证之前的 EEPROM 是否已经成功写入，还需要将其中的数据读出。读出操作使用 EEPROM. read（address）语句，address 即是要读出的 EEPROM 地址，返回值为读出的数据。

单击执行 "文件" 菜单下的 "示例" 子菜单下的 "EEPROM" 下的 "eeprom_read" 菜单命令，可以查看 EEPROM 读代码程序。

```
/*
 * EEPROM Read
 * Reads the value of each byte of the EEPROM and prints it
 * to the computer.
 * This example code is in the public domain.
 */

#include <EEPROM. h>

//从地址 0 开始读取 EEPROM 的数据
int address=0;
byte value;

void setup()
{//初始化串口通信速率
  Serial.begin(9600);
}

void loop()
{
  //从 EEPROM 当前地址读取 1 字节的数据
  value=EEPROM. read(address);
  Serial.print(address);
  Serial.print("\t");
  Serial.print(value,DEC);
  Serial.println();

 //移动到下一个地址
  address=address+1;
  if(address==EEPROM. length())
    address=0;
    delay(500);   //延时 500ms
}
```

5. 存储各类型数据到 EEPROM

（1）写入 float 型数据到 EEPROM。我们已经知道，使用 Arduino 提供的 EEPROM API 函数只能将字节型数据存入 EEPROM。如果要存储字节以外的数据类型，操作方法如下。

一个 float 型数据占用 4B 的存储空间。因此可以把一个 float 型数据拆分为 4 个字节，然后逐字节地写入 EEPROM，以达到保存 float 型数据的目的。使用共用体把 float 型数据拆分为 4 个字节。

几个不同的变量共同占用一段内存的结构，在 C 语言中被称为共用体类型结称共用体。

首先定义一个名为 dat 的共用体结构，共用体中有两种类型不同的成员变量：

```
union dat
{
float m;
byte n[4];
}
```

再声明一个 data 类型的变量 c：

```
dat c;
```

现在可通过 c.m 访问该共用体中 float 类型的成员 m，通过 c.n 访问该共用体中类型的数组 n。c.m 和 c.n 共同占用 4B 的地址。给 c.m 赋值后，通过 c.m 中的几个元素即可实现拆分 float 型数据的目的。存入 EEPROM 的代码如下。

```
#include <EEPROM.h>
int LED=13;
//定义共用体
union dat
{
  float m;
  byte n[4];
  };
  dat c;
//初始化
void setup(){
  c.m=123.4;
  for(int i=0;i<4;i++){
   EEPROM.write(i,c.n[i]);
   pinMode(LED,OUTPUT);
   }
}
//主循环
void loop(){
 digitalWrite(13,HIGH);        //点亮 LED
  delay(500);                   //延时 500ms
  digitalWrite(13,LOW);         //熄灭 LED
  delay(500);                   //延时 500ms
}
```

（2）读出存储在 EEPROM 中的 float 型数据。读出存储在 EEPROM 中的 float 型数据的方法与写入类似，代码如下：

```
#include <EEPROM.h>
```

```
//定义共用体
union dat
{
   float m;
   byte n[4];
   };
   dat c;
//初始化
void setup(){
   for(int i=0;i<4;i++){
   c.n[i]=EEPROM.read(i);
   Serial.begin(9600);
   }
}
//主循环
void loop(){
Serial.println(c.m);
dealy(1000);
}
```

⚙ 技能训练

一、训练目标

(1) 了解 EEPROM 存储器。
(2) 学会 EEPROM 写入与读出。

二、训练步骤与内容

1. 建立一个新项目
(1) 在 E 盘 A2560 文件夹，新建一个文件夹 K01。
(2) 启动 Arduino 软件。
(3) 选择 "文件"→"New"，自动创建一个新项目。
(4) 选择 "文件"→"另存为"，打开另存为对话框，选择另存的文件夹 K01，打开文件夹 K01，在文件名栏输入 "K001"，单击 "保存" 按钮，保存 K001 项目文件。
2. 编写控制程序文件
在 K001 项目文件编辑区输入 "写入 float 型数据到 EEPROM" 程序，单击执行文件菜单下 "保存" 菜单命令，保存项目文件。
3. 编译
(1) 通过 USB 将 Arduino Mega2560 板与计算机 USB 端口连接。
(2) 单击 "项目"→"验证/编译"，或单击工具栏的 "验证/编译" 按钮，Arduino 软件首先验证程序是否有误，若无误，程序自动开始编译程序。
(3) 等待编译完成，在软件调试提示区，观看编译结果。
(4) 单击工具栏的下载按钮，将程序下载到 Arduino Mega2560 控制板，观察 LED 的状态变化。

4. 新建一个读取数据项目

（1）在新建项目文件编辑区输入"读出存储在 EEPROM 中的 float 型数据"程序，单击执行文件菜单下"保存"菜单命令，保存项目文件。

（2）单击"项目"→"验证/编译"，或单击工具栏的"验证/编译"按钮，Arduino 软件首先验证程序是否有误，若无误，程序自动开始编译程序。

（3）等待编译完成，在软件调试提示区，观看编译结果。

（4）单击工具栏的下载按钮，将程序下载到 Arduino Mega2560 控制板。

（5）打开串口观察窗口，观察输出结果，如图 11-1 所示。

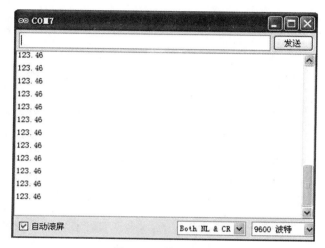

图 11-1　输出结果

📖 习题11

1. 设计控制程序，存储整型 int 数据。

2. 设计控制程序，利用存储器保存每分钟从模拟数据输入端采集的数据。

项目十二 红外遥控

💬 学习目标

（1）学会应用红外接收。
（2）学会应用红外发射。

任务 25 红外接收与发射

一、红外发射与接收

红外线遥控是目前使用最广泛的一种通信和遥控手段。由于红外线遥控装置具有体积小、功耗低、功能强、成本低等特点，因而，继彩电、录像机之后，在录音机、音响设备、空调机以及玩具等其他小型电器装置上也纷纷采用红外线遥控。工业设备中，在高压、辐射、有毒气体、粉尘等环境下，采用红外线遥控不仅完全可靠，而且能有效地隔离电气干扰。

1. 红外遥控器

电视遥控器使用的是专用集成发射芯片来实现遥控码的发射，如东芝 TC9012，飞利浦 SAA3010T 等，通常彩电遥控信号的发射，就是将某个按键所对应的控制指令和系统码（由 0 和 1 组成的序列），调制在 38kHz 的载波上，然后经放大、驱动红外发射管将信号发射出去。不同公司的遥控芯片，采用的遥控码格式也不一样。较普遍的有两种，一种是 NEC 标准，一种是 PHILIPS 标准。红外接收头、红外遥控器都是以 NEC 为标准的，以 NEC 标准来介绍。遥控红外接收头和遥控器实物如图 12-1 所示。

图 12-1 红外接收头和遥控器实物

2. 红外线

红外线又称红外光波。在电磁波谱中，光波的波长范围为 $0.01 \sim 1000\mu m$。根据波长的不同可分为可见光和不可见光，波长为 $0.38 \sim 0.76\mu m$ 的光波为可见光，依次为红、橙、黄、绿、青、蓝、紫七种颜色。光波为 $0.01 \sim 0.38\mu m$ 的光波为紫外光（线），波长为 $0.76 \sim 1000\mu m$ 的光波为红外光（线）。红外光按波长范围分为近红外、中红外、远红外、极红外 4 类。红外线遥控是利用近红外光传送遥控指令的，波长为 $0.76 \sim 1.5\mu m$。用近红外作为遥控光源，是因为目前红外发射器件（红外发光管）与红外接收器件（光敏二极管、三极管及光电池）的发光与受光峰值波长一般为 0.8~0.94μm，在近红外光波段内，二者的光谱正好重合，能够很好地匹配，可以获得较高的传输效率及较高的可靠性。

3. 红外遥控系统

通用红外遥控系统由发射和接收两大部分组成，应用编/解码专用集成电路芯片来进行控制操作。红外遥控系统框图如图 12-2 所示。发射部分包括矩阵键盘、编码调制、LED 红外发送器；接收部分包括光、电转换放大器、解调、解码电路。

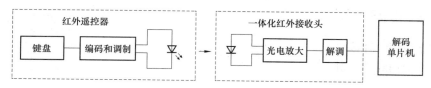

图 12-2　红外遥控系统框图

图中接收部分用的是一体化红外接收头，不需要读者设计，只需编程就可以了。

4. NEC 标准

遥控载波的频率为 38kHz（占空比为 1∶3）。当某个按键按下时，系统首先发射一个完整的全码，如果键按下超过 108ms 仍未松开，接下来发射的代码（连发代码）将仅由起始码（9ms）和结束码（2.5ms）组成。一个完整的全码 = 引导码 + 用户码 + 用户码 + 数据码 + 数据反码。其中，引导码高电平 9ms，低电平 4.5ms；系统码 16 位，数据码 16 位，共 32 位；其中前 16 位为用户识别码，能区别不同的红外遥控设备，防止不同机种遥控码互相干扰。后 16 位为 8 位的操作码和 8 位的操作反码，用于核对数据是否接收准确。接收端根据数据码做出应该执行什么动作的判断。连发代码是在持续按键时发送的码。它告知接收端，某键是在被连续地按着。特别要注意的是发射端与接收端的电平相反，以发射端数据为例（那么接收端"取反"就可以了）。

（1）位定义（"0" && "1"）。两个逻辑值的时间定义如图 12-3 所示。逻辑"1"脉冲时间为 2.25ms；逻辑"0"脉冲时间为 1.12ms。

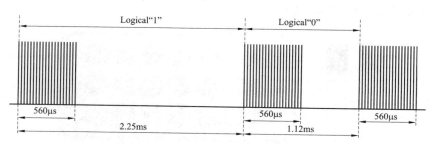

图 12-3　"0" 和 "1" 的时间定义格式

（2）完整数据链。NEC 协议的典型脉冲链如图 12-4 所示。

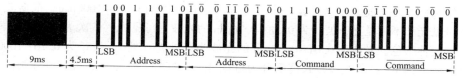

图 12-4　NEC 协议的典型脉冲链

协议规定低位首先发送,如图12-3所示,发送的地址码为"0x59",命令码为"0x16"。每次发送的信息首先是为高电平的引导码(9ms),接着是4.5ms的低电平,接下来便是地址码和命令码。地址码和命令码发送两次,第二次发送的是反码(如1111 0000的反码为0000 1111),用于验证接收的信息的准确性。因为每位都发送一次它的反码,所以总体的发送时间是恒定的(即每次发送时,无论是1或0,发送的时间都是它以及它反码发送时间总和)。这种以发送反码验证可靠性的手段,当然可以"忽略",或者是扩展属于自己的地址码和命令码为16位,这样就可以扩展整个系统的命令容量。

(3)连发码。若一直按住某个按键,一串信息也只能发送一次,且一直按着按键,发送的则是以110ms为周期的重复码,重复码是由9ms高电平和4.5ms的低电平组成。连发码格式如图12-5所示。

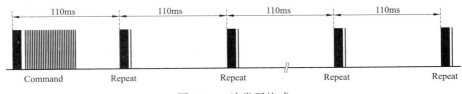

图12-5 连发码格式

5. HT6221键码的形式

遥控器的核心芯片是HT6221。

当一个键按下时间超过36ms,振荡器使芯片激活,如果这个键按下且延迟大约108ms,这108ms发射代码由一个起始码(9ms)、一个结果码(4.5ms)、低8位地址码(9~18ms)、高8位地址码(9~18ms)、8位数据码(9~18 ms)、8位数据反码(9~18ms)组成。如果键按下超过108ms仍未松开,接下来发射的代码(连发代码)将仅由起始码(9ms)和结束码(2.5ms)组成。这样的时间要求完全符合NEC标准,则以NEC标准来解码就可以了。

二、Arduino 红外遥控

1. 红外遥控

Arduino可使用的无线通信方式众多,如ZigBee、WiFi和蓝牙等。

较为常见的方式是使用串口透传模块,这类模块在设置好以后连接到Arduino串口,即可采用串口通信方式进行通信。该过程相当于将串口的有线通信改为无线通信方式,而程序不需要修改太多。

另一种常见的方式是使用SPI接口的无线模块,该类模块通常都有配套的驱动类库,传输速率更快,可以完成更多高级操作,如arduino的Wifi扩展板。

Arduino可以使用的无线模块很多,驱动方式各有不同,本书重点介绍一种常用的无线通信方式—红外通信。红外通信是一种利用红外光编码进行数据传输的无线通信方式,是目前最广泛的一种通信和遥控方式。由于红外线遥控装置具有体积小、功耗低、成本低等特点,因而被广泛应用于众多领域。生活中常见的电视机、空调、电扇等遥控器,均使用红外线遥控。

2. Arduino 的 IRremote 类库接收类成员函数

IRrecv类用于接收红外信号并对其解码。在使用该类之前,需要实例化一个该类对象。

(1)IRrecv()。函数IRrecv()是IRrecv类的构造函数,可用于实例化一个该类对象,并指定红外一体化接收头的连接引脚。

语法：

```
IRrecvobject(recvpin)
```

参数：

object：用户自定义的对象名。

recvpin：连接到红外一体化接收头的 Arduino 引脚编号。

（2）enableIRIn（）。函数 enableIRIn（）用于初始化红外解码。

语法：

```
IRrecv.enableIRIn()
```

参数：

IRrecv：一个 IRrecv 类的对象。

返回值：无。

（3）decode（）。函数 decode（）的功能是对接收到的红外信息进行解码。

语法：

```
IRrecv.decode(& results)
```

参数：

results：一个 decode_results 类的对象

返回值：int 型，解码成功返回 1，失败返回 0。

（4）resume（）。函数 resume（）功能是接收下一个编码。

语法：

```
IRrecv.Resume()
```

参数：

IRrecv：一个 IRrecv 类的对象。

返回值：无。

3. Arduino 的 IRremote 类库发送类成员函数

IRsend 类可以对红外信号编码并发送。

（1）IRsend。函数 IRsend（）是 IRsend 类的构造函数。

语法：

```
IRsendIrsend()
```

参数：

Irsend：一个 IRsend 类的对象。

（2）sendNEC（）。函数 sendNEC（）功能是以 NEC 编码格式发送指定值。

语法：

```
Irsend.sendNEC(Data,Nbit)
```

参数：

Irsend：一个 IRsend 类的对象.

Data：发送的编码值。

Nbit：编码的位数。

返回值：无。

（3）sendSony（）。函数 sendSony（）功能是以 Sony 编码格式发送指定值。

语法：

```
Irsend.sendSony(Data,Nbit)
```

参数：

Irsend：一个 IRsend 类的对象。

Data：发送的编码值。

Nbit：编码的位数。

返回值：无。

（4）sendRaw（）。函数 sendRaw（）功能是发送原始红外编码信号。

语法：

```
Irsend.sendRaw(Buf,Len,Hz)
```

参数：

Irsend：一个 IRsend 类的对象.

Buf：存储原始编码的数组。

Len：数组长度。

Hz：红外发射频率。

返回值：无。

除上述之外，还有其他常见协议的红外信号发送：①sendRC5（）；②sendRC6（）；③sendDISH（）；④sendSharp（）；⑤sendPanasonic（）；⑥sendJVC（）；⑦sendSony（）。

在红外通信中的两端，一端进行红外信号的编码并发送，另一端接收红外信解码。

4. 红外接收控制

要想使用遥控器来控制 Arduino，首先需了解遥控器各按键对应的编码，不同的遥控器，不同的按键，不同的协议，都对应着不同的编码。可通过 Arduino 的 IRremote 的示例程序来获取遥控器发送信号的编码。

红外信号接收电路如图 12-6 所示。

示例中将红外一体化接收头的输出脚连接到 Arduino 的 11 号引脚上。

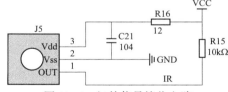

图 12-6 红外信号接收电路

单击执行 "文件"→"示例"→"IRremote"→"IRrecvDemo"，可以查看对红外信号进行解码的程序。

```
/*
 * IRremote: IRrecvDemo-demonstrates receiving IR codes with IRrecv
 * An IR detector/demodulator must be connected to the input RECV_PIN.
 * Version 0.1 July,2009
 * Copyright 2009 Ken Shirriff
 * http://arcfn.com
 */
#include <IRremote.h>
int RECV_PIN=11;                //定义红外接收端为 11 号引脚
```

```
IRrecv irrecv(RECV_PIN);      //设置红外接收类构造函数对象 irrecv
decode_results results;       //存储编码结果的对象
void setup()
{
  Serial.begin(9600);         //初始化串口波特率
  irrecv.enableIRIn();        //初始化红外解码
}
void loop(){
  if(irrecv.decode(&results))  {
    Serial.println(results.value,HEX);
    irrecv.resume();           //接收下一个编码
  }
}
```

下载示例程序后，使用遥控器向红外接收头发送信号，并在串口监视器中查看，可以看到图 12-7 所示的遥控按键编码信息。

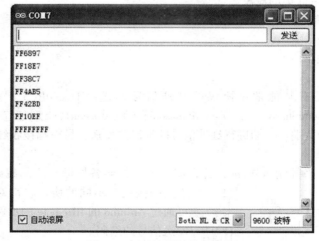

图 12-7 遥控按键编码信息

遥控上不同的按键对应不同的编码，不同遥控器的编码方式也不同，图中出现的"FFFFFFFF"编码，是因为使用的是 NEC 协议的遥控器，当按住某按键不放时，它会发送重复编码"FFFFFFFF"。

程序中的"int RECV_PIN = 11;"和"IRrecv irrecv（RECV_PIN）;"语句实例化一个 IRrecv 类的红外接收对象，并将红外接收头引脚定义连接 Arduino 的 11 号引脚。

在初始化程序中，通过"irrecv. enableIRIn（）;"语句初始化红外解码功能。

在主循环程序中，通过"irrecv. decode（&results）"语句检查是否收到编码，收到编码，就将结果存储到"decode_results"类的对象 results 中，解码后的结果保存在 results. value 中。最后通过"irrecv. resume（）;"语句开始接收下一个编码。

如果要使用红外遥控器来控制 Arduino 上连接的设备，则只需将解码后的结果 results. value 与设定功能的编码进行比对，如果一致，便执行相应的功能，如在以上程序中添加如下语句：

```
switch(results.Value)
```

```
{case OxFF6897:
```
//按键对应的动作按键对应的动作

```
braek;
case OxFF18E7:
```
//按键对应的动作按键对应的动作
```
braek;
......
}
```

5. 红外发送

（1）红外发送电路（见图 12-8）。

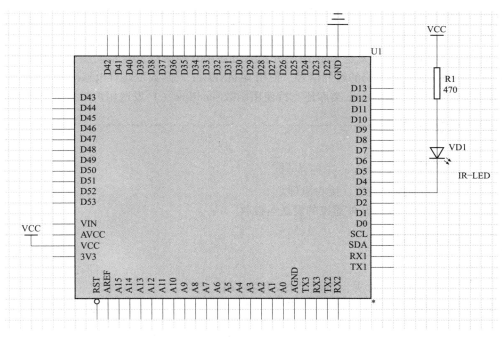

图 12-8　红外发送电路

（2）红外发送控制程序。单击"文件"→"示例"→"IRremote"→"IRsendDemo"，可以查看红外发送程序。

```
/*
 * IRremote: IRsendDemo-demonstrates sending IR codes with IRsend
 * An IR LED must be connected to Arduino PWM pin 3.
 * Version 0.1 July,2009
 * Copyright 2009 Ken Shirriff
 * http://arcfn.com
 */
#include <IRremote.h>

IRsend irsend;
```

```
void setup()
{
  Serial.begin(9600);              //初始化串口波特率
}
void loop()  {
  if(Serial.read()! =-1)  {
    for(int i=0;i<3;i++)  {
      irsend.sendSony(0xa90,12);  //发送索尼电视电源开关对应的编码
      delay(100);
    }
  }
}
```

程序中使用了 for 循环，发送 3 次 Sony 电视电源开关对应的红外编码，是因为在 Sony、RC5、RC6 协议中，规定编码要发送 3 次。

IRremote 类库除了可以发送 Sony 编码外，还可使用其他函数发送不同编码。如使用 send-Sharp（）函数发送夏普编码的红外信号。使用 sendNEC（）函数发送日电编码的红外信号。

除了标准协议外，IRremote 类库还支持使用函数 sendRaw（）发送用户自定义的原始编码。

 技能训练

一、训练目标

（1）了解红外遥控的发送、接收原理。
（2）学会用 Arduino 的红外遥控的发送与接收。

二、训练步骤与内容

1. 建立一个新项目
（1）在 E 盘 A2560 文件夹，新建一个文件夹 L01。
（2）将 Arduino 的红外类库 Irremote 拷贝到 Arduino 安装文件夹下的 "libraries" 内。
（3）启动 Arduino 软件。
（4）选择 "文件"→"New"，自动创建一个新项目。
（5）选择 "文件"→"另存为"，打开另存为对话框，选择另存的文件夹 L01，打开文件夹 L01，在文件名栏输入 "L001"，单击 "保存" 按钮，保存 L001 项目文件。

2. 编写控制程序文件
在 L001 项目文件编辑区输入 "红外信号接收控制" 程序，单击执行文件菜单下 "保存" 菜单命令，保存项目文件。

3. 编译
（1）通过 USB 将 Arduino Mega2560 控制板与计算机 USB 端口连接。
（2）单击 "项目"→"验证/编译"，或单击工具栏的 "验证/编译" 按钮，Arduino 软件首先验证程序是否有误，若无误，程序自动开始编译程序。
（3）等待编译完成，在软件调试提示区，观看编译结果。
（4）单击工具栏的下载按钮，将程序下载到 Arduino Mega2560 控制板。
（5）按图 12-6 连接电路。

（6）打开串口观察窗口，使用遥控器对准红外接收头，按遥控器的按键，观察红外编码接收结果。

📖 习题 12

1. 设计控制程序，检验遥控器的编码。

2. 设计控制程序，按下遥控器的"1"键，点亮 13 号引脚的 LED，按下遥控器的"3"键，熄灭 13 号引脚的 LED。

项目十三　应用LCD显示

🗨 学习目标

（1）了解液晶显示器 1602LCD。

（2）应用 1602LCD 显示数据。

（3）学会制作 I²C 总线 LCD 电压表。

任务 26　应用 1602LCD 显示数据

💡 基础知识

一、液晶显示器

液晶显示器（Liquid Crystal Display，LCD）在工程中的应用及其广泛，大到电视，小到手表，从个人到集体，再从家庭都广场，液晶的身影无处不在。虽然 LED 发光二极管显示屏很"热"，但 LCD 绝对不"冷"。别看液晶表面的鲜艳，其实它背后有一个支持它的控制器，如果没有控制器，液晶什么都不显示不了，所以先学习好单片机，那么液晶的控制就容易了。图 13-1所示为液晶显示器。

液晶是一种高分子材料，因为其特殊的物理、化学、光学特性，20 世纪中叶开始广泛应用在轻薄型显示器上。液晶显示器的主要原理是以电流刺激液晶分子产生点、线、面并配合背光灯管构成画面。为简述方便，通常把各种液晶显示器都直接叫作液晶。

各种型号的液晶通常是按照显示字符的行数或液晶点阵的行、列数来命名的。例如：1602 的意思是每行显示 16 个字符，一共可以显示两行。类似的命名还有 1601、0802 等，这类液晶通常都是字符液晶，即只能显示字符，如数字、大小写字母、各种符号等；12864 液晶属于图形型液晶，它的意思是液晶有 128 列、64 行组成，即 128×64 个点（像素）来显示各种图形，这样就可以通过程序控制这 128×64 个点（像素）来显示各种图形。类似的命名还有12832、19264、16032、240128 等，当然，根据客户需求，厂家还可以设计出任意组合的点阵液晶。

1. 1602 液晶显示屏的工作原理

（1）1602 液晶显示屏，工作电压为 5V，内置 192 种字符（160 个 5×7 点阵字符和 32 个 5×10 点阵字符），具有 64 个字节的 RAM，通信方式有 4 位、8 位两种并口可选。1602 液晶显示器如图 13-2 所示。

图 13-1　液晶显示器

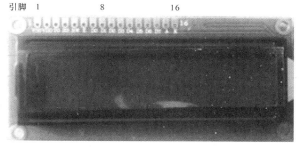

图 13-2　1602 液晶显示器

（2）液晶接口定义见表 13-1。

表 13-1　　　　　　　　　　　　1602 液晶接口定义表

管脚号	符号	功　　能
1	VSS	电源地（GND）
2	VDD	电源电压（+5V）
3	V_0	LCD 驱动电压（可调）一般接一电位器来调节电压
4	RS	指令、数据选择端（RS=1→数据寄存器；RS=0→指令寄存器）
5	R/W	读、写控制端（R/W=1→读操作；R/W=0→写操作）
6	E	读写控制输入端（读数据：高电平有效；写数据：下降沿有效）
7~14	DB0~DB7	数据输入/输出端口（8 位方式：DB0~DB7；4 位方式：DB0~DB3）
15	A	背光灯的正端+5V
16	K	背光灯的负端 0V

（3）RAM 地址映射图，控制器内部带有 80×8 位（80 字节）的 RAM 缓冲区，对应关系如图 13-3 所示。

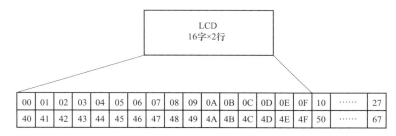

图 13-3　RAM 地址映射图

可能对于初学者，一看到此图就觉得这个图很难，其实还是比较简单，对于此图作者只说两点。

1）两行的显示地址分别为 00~0F、40~4F，隐藏地址分别为 10~27、50~67。意味着写在 00~0F、40~4F 地址的字符可以显示，写在 10~27、50~67 地址的不能显示，要显示，一般通过移屏指令来实现。

2）RAM 通过数据指针来访问。液晶内部有个数据地址指针，因而就能很容易地访问内部 80 个字节的内容了。

（4）操作指令。

1）基本的操作时序见表 13-2。

表 13-2　　　　　　　　　　　　　　　**基 本 操 作 指 令 表**

读写操作	输入	输出
读状态	RS=L，RW=H，E=H	D0~D7（状态字）
写指令	RS=L，RW=L，D0~D7=指令，E=高脉冲	无
读数据	RS=H，RW=H，E=H	D0~D7（数据）
写数据	RS=H，RW=L，D0~D7=数据，E=高脉冲	无

2）状态字说明见表 13-3。

表 13-3　　　　　　　　　　　　　　　　**状 态 字 分 布 表**

STA7 D7	STA6 D6	STA5 D5	STA4 D4	STA3 D3	STA2 D2	STA1 D1	STA0 D0
STA0~STA6			当前地址指针的数值			—	
STA7			读/写操作使能			1：禁止 0：使能	

对控制器每次进行读写操作之前，都必须进行读写检测，确保 STA7 为 0。也即一般程序中见到的判断忙操作。

3）常用指令见表 13-4。

表 13-4　　　　　　　　　　　　　　　**常 用 指 令 表**

指令名称	指令码								功能说明
	D7	D6	D5	D4	D3	D2	D1	D0	
清屏	L	L	L	L	L	L	L	H	清屏：1. 数据指针清零 2. 所有显示清零
归位	L	L	L	L	L	L	H	*	AC=0，光标、画面回 HOME 位
输入方式设置	L	L	L	L	L	H	ID	S	ID=1→AC 自动增一； ID=0→AC 减一 S=1→画面平移； S=0→画面不动
显示开关控制	L	L	L	L	H	D	C	B	D=1→显示开；D=0→显示关 C=1→光标显示；C=0→光标不显示 B=1→光标闪烁；B=0→光标不闪烁
移位控制	L	L	L	H	SC	RL	*	*	SC=1→画面平移一个字符； SC=0→光标 R/L=1→右移；R/L=0→左移；
功能设定	L	L	H	DL	N	F	*	*	DL=0→8 位数据接口； DL=1→4 位数据接口； N=1→两行显示；N=0→一行显示 F=1→5＊10 点阵字符；F=0→5＊7

（5）数据地址指针设置见表 13-5。

表 13-5　　　　　　　　　　　　**数据地址指针设置表**

指令码	功能（设置数据地址指针）
0x80+（0x00~0x27）	将数据指针定位到：第一行（某地址）
0x80+（0x40~0x67）	将数据指针定位到：第二行（某地址）

（6）写操作时序图。图 13-4 所示为写操作时序图，接着看看时序参数，具体数值如表 13-6 所示。

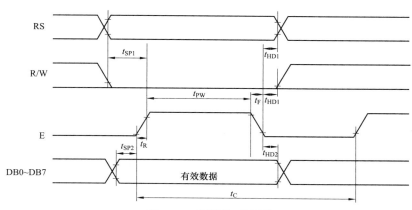

图 13-4　写操作时序图

表 13-6　　　　　　　　　　　　**时 序 参 数 表**

时序名称	符合	极限值			单位	测试条件
		最小值	典型值	最大值		
E 信号周期	t_C	400	—	—	ns	引脚 E
E 脉冲宽度	t_{PW}	150	—	—	ns	
E 上升沿/下降沿时间	t_R、t_F	—	—	25	ns	
地址建立时间	t_{SP1}	30	—	—	ns	引脚 E、RS、R/W
地址保持时间	t_{HD1}	10	—	—	ns	
数据建立时间	t_{SP2}	40	—	—	ns	引脚 DB0~DB7
数据保持时间	t_{HD2}	10	—	—	ns	

液晶一般是用来显示的，所以这里主要讲解如何写数据和写命令到液晶的来龙去脉，关于读操作（一般用不着）就留给读者自行研究了。

时序图，顾名思义，与时间有关、顺序有关。时序图就是与时间有严格的关系，时序都精确到 ns 级了。与顺序肯定有关，但是这个顺序严格说应该是与信号在时间上的有效顺序有关，而与图中信号线是上是下没关系。大伙都知道程序运行是按顺序执行的，可是这些信号是并行执行的，就是说只要这些时序有效之后，上面的信号都会运行，只是运行与有效不同罢了，因而这里的有效时间不同就导致了信号的时间顺序不同。这里有个难点就是"并行"，关于并行，作者就不过多的解释了。可厂家在做时序图时，一般会把信号按照时间的有效顺序从上到下的排列，所以操作的顺序也就变成了先操作最上边的信号，接着依次操作后面的。这就是作者对时序图的理解。结合上述讲解，来详细说明一下图 13-4 写操作时序图。

1）通过 RS 确定是写数据还是写命令。写命令包括数据显示在什么位置、光标显示/不显示、光标闪烁/不闪烁、需/不需要移屏等。写数据是指要显示的数据是什么内容。若此时要写指令，结合表 13-6 和图 13-4 可知，就得先拉低 RS（RS=0）。若是写数据，那就是 RS=1。

2）读/写控制端设置为写模式，那就是 RW=0。注意，按道理应该是先写一句 RS=0（1）之后延迟 t_{SP1}（最小 30ns），再写 RW=0，可单片机操作时间都在 μs 级，所以就不用特意延迟了。

3）将数据或命令送达到数据线上。形象的可以理解为此时数据在单片机与液晶的连线上，没有真正到达液晶内部。事实肯定并不是这样，而是数据已经到达液晶内部，只是没有被运行罢了，执行语句为 P0=Data（Commond）。

4）给 EN 一个下降沿，将数据送入液晶内部的控制器，这样就完成了一次写操作。形象地理解为此时单片机将数据完完整整的送到了液晶内部。为了让其有下降沿，一般在 P0=Data（Commond）之前先写一句 EN=1，待数据稳定以后，稳定需要多长时间，这个最小的时间就是图中的 t_{PW}（150ns），流行的程序里面加了 DelayMS（5），说是为了液晶能稳定运行，作者在调试程序时，最后也加了 5ms 的延迟。

2. 液晶显示器 1602LCD 的使用

（1）液晶显示器 1602LCD 的接线方式。液晶显示器 1602LCD 的接线方式有两种，分别是 8 位数据线方式和 4 位数据线方式。

8 位数据线方式使用 D0～D7 传输数据，传输速度快，但要使用较多的 arduino 引脚，4 位数据线方式，使用 D4～D7 传输数据。

（2）液晶显示器 1602LCD 的电路连接（见图 13-5）。在液晶显示器 1602LCD 的对比度调节端 V0 接一个电位器，调节对比度电压，用于控制 1602LCD 的对比度。

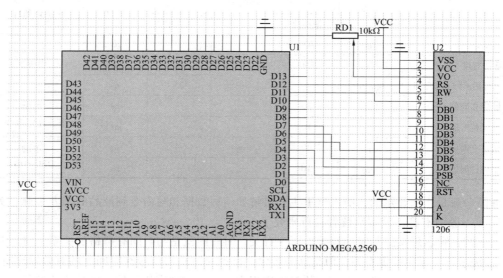

图 13-5　1602LCD 的电路连接

3. 液晶驱动 LiquidCrystal 类库成员函数

（1）LiquidCrystal（）。函数 LiquidCrystal（）是 LiquidCrystal 类的构造函数，用于初始化 LCD。需要根据所使用的接线方式来填写对应的参数。

语法：根据接线方式的不同，函数的使用方法也不同。

4 位数据线接法的语法是：

```
LiquidCrystal(rs,enable,d4,d5,d6,d7)
LiquidCrystal(rs,rw,enable,d4,d5,d6,d7)
```

8 位数据线接法的语法是：

```
LiquidCrystal(rs,enable,d0,d1,d2,d3,d4,d5,d6,d7)
LiquidCrystal(rs,rw,enable,d0,d1,d2,d3,d4,d5,d6,d7)
```

参数：

rs：连接到 RS 的 Arduino 引脚。

rw：连接到 R/W 的 Arduino 引脚（可选）。

enable：连接到 E 的 Arduino 引脚。

d0，d1，d2，d3，d4，d5，d6，d7：连接到对应数据线的 Arduino 引脚。

（2）begin（）。函数 begin（）的功能是设置显示器的宽度和高度。

语法：

```
lcd.begin( cols,rows);
```

参数：

lcd：LiquidCrystal 类的实例化对象。

cols：LCD 的列数。

rows：LCD 的行数，这里使用 1602 LCD，因此设置为 begin（16，2）即可。返回值：无。

（3）clear（）。函数 clear（）的功能是清屏。清除屏幕上的所有内容，并将光标定位到屏幕左上角位置。

语法：

```
lcd.clear()
```

参数：

lcd：LiquidCrystal 类的对象。

（4）home（）。函数 home（）功能是使光标复位。将光标定位到屏幕左上角位置。

语法：

```
lcd.home()
```

参考：

lcd：LiquidCrystal 类的对象。

返回值：无。

（5）setCursor（）。函数 setCursor（）功能是设置光标位置。将光标定位在指定位置，如 setCursor（1，1）即是将光标定位到第 2 列、第 2 行的位置。

语法：

```
lcd.setCursor(col,row)
```

参数：

col：光标需要定位到的列。

row：光标需要定位到的行。

返回值：无。

（6）write（）函数。函数 write（）功能是输出一个字符到 LCD 上。每输出一个字符，光标就会向后移动一格。

语法：

```
lcd.write(data)
```

参数：

lcd：LiquidCrystal 类的对象。

data：需要显示的字符。

返回值：输出的字符数。

（7）print（data）。函数 print（）功能是将文本输出到 LCD 上。每输出一个字符，光标就会向后移动一格。

语法：

```
lcd.print(data)
lcd.print(data,BASE)
```

参数：

lcd：LiquidCrystal 类的对象。

data：需要输出的数据（类型可为 char、byte、int、long、String）

BASE：输出的进制形式，BIN 表示二进制；DEC 表示十进制；OCT 表示八进制；HEX 表示十六进制。

返回值：输出的字符数。

（8）cursor（）。函数 cursor（）功能是显示光标。在当前光标所在位置会显示一条下画线。

语法：

```
lcd.cursor()
```

参数：

lcd：LiquidCrystal 类的对象。

返回值：无。

（9）noCursor（）。函数 noCursor（）功能是隐藏光标。

语法：

```
lcd.noCursor()
```

参数：

lcd：LiquidCrystal 类的对象。

返回值：无。

（10）blink（）。函数 blink（）功能是开启光标闪烁。该功能需要先使用 cursor（）显示光标。

语法：

```
lcd.blink()
```

参数：

lcd：LiquidCrystal 类的对象。

返回值：无。

（11）noBlink（　）。函数 noBlink（　）功能是关闭光标闪烁。

语法：

```
lcd.noBlink()
```

参数：

lcd：LiquidCrystal 类的对象。

返回值：无。

（12）display（　）。函数 display（　）功能是开启 LCD 的显示功能。它将会显示在使用 noDisplay（　）关闭显示功能之前的 LCD 显示任何内容。

语法：

```
lcd.display()
```

参数：

lcd：LiquidCrystal 类的对象。

返回值：无。

（13）noDisplay（　）。函数 noDisplay（　）功能是关闭 LCD 的显示功能。LCD 将不会显示任何内容，但之前显示的内容不会丢失，当使用 display（　）函数开启显示时，之前的内容会显示出来。

语法：

```
lcd.noDisplay()
```

参数：

lcd：LiquidCrystal 类的对象。

返回值：无。

（14）scrollDisplayLeft（　）。函数 scrollDisplayLeft（　）功能是向左滚屏。将 LCD 上显示的所有内容向左移动一格。

语法：

```
lcd.scrollDisplayLeft()
```

参数：

lcd：LiquidCrystal 类的对象。

返回值：无。

（15）scrollDisplayRight（　）。函数 scrollDisplayRight（　）功能是向右滚屏。将 LCD 上显示的所有内容向右移动一格。

语法：

```
lcd.scrollDisplayRight()
```

参数：

lcd：LiquidCrystal 类的对象。

返回值：无。

（16）autoscroll（　）。函数 autoscroll（　）功能是自动滚屏。

语法：

```
lcd.autoscroll()
```

参数：

lcd：LiquidCrystal 类的对象。

返回值：无。

（17）noAutoscroll（）。函数 noAutoscroll（）功能是关闭自动滚屏。

语法：

```
lcd.noAutoscroll()
```

参数：

lcd：LiquidCrystal 类的对象。

返回值：无。

（18）leftToRight（）。函数 leftToRight（）功能是设置文本的输入方向为从左到右。

语法：

```
lcd.leftToRight()
```

参数：

lcd：LiquidCrystal 类的对象。

返回值：无。

（19）rightToLeft（）。函数 rightToLeft（）功能是设置文本的输入方向为从右到左。

语法：

```
lcd.rightToLeft()
```

参数：

lcd：LiquidCrystal 类的对象。

返回值：无。

（20）函数 createChar（）。函数 createChar（）功能是创建自定义字符。最大支持 8 个 5 x 8 像素的自定义字符。8 个字符可以用 1~8 编号。每个自定义字符都使用一个 8B 的数组保存。当输出自定义字符到 LCD 上时，需要使用 write（）函数。

语法：

```
lcd.createChar(Num,Data)
```

参数：

lcd：LiquidCrystal 类的对象。

Num：自定义字符的编号（1~8）。

Data：自定义字符像素数据。

返回值：无。

二、液晶显示器 LCD1602 的应用

1. 静态显示

（1）控制要求。让 1602 液晶第一、二行分别显示 "^_^ Welcome ^_^"、"I love arduino"。

（2）控制程序。

```
//* LCD RS pin to digital pin 12
//* LCD Enable pin to digital pin 11
```

```
//* LCD D4 pin to digital pin 4
//* LCD D5 pin to digital pin 5
//* LCD D6 pin to digital pin 6
//* LCD D7 pin to digital pin 7
//* LCD R/W pin to ground
//* LCD VSS pin to ground
//* LCD VCC pin to 5V
```
//包含液晶显示头文件
```
#include <LiquidCrystal.h>
```
//实例化一个 lcd 的 LiquidCrystal 类的对象,并初始化相关引脚
```
LiquidCrystal lcd(12,11,4,5,6,7);
```
//初始化
```
void setup()  {
```
　　//设置 LCD 行、列数,2 行、16 列
```
  lcd.begin(16,2);
}
```
//主循环
```
void loop()  {
  lcd.setCursor(1,0);              //设置光标位置到 1 行、1 列
  lcd.print("^_^ Welcome ^_^");    //打印输出"^_^ Welcome ^_^"
  lcd.setCursor(1,1);              //设置光标位置到 0 行、1 列
  lcd.print("I love arduino");     //打印输出"I love arduino"
}
```

程序首先实例化一个名为 lcd 的 LiquidCrystal 类的对象,同时设定相关的引脚,arduino 的 4、5、6、7 连接 LCD1602 的 D4、D5、D6、D7。arduino 的 12、11 连接 LCD1602 的 RS、E。

图 13-6　1602LCD 静态显示结果

在初始化程序中设置液晶显示行列数的为 2 行、16 列。

在主程序中,设定光标位置到第 1 行第 0 列后,打印输出"^_^ Welcome ^_^",设定光标位置到第 2 行第 0 列后,打印输出"I love arduino"。

程序运行后,1602LCD 静态显示结果如图 13-6 所示。

2. 将串口监视器输入数据显示在 LCD1602 上

在 arduino 的示例程序可以找到下列代码。

单击执行"文件"菜单下的"示例"子菜单下的"LiquidCrystal"下的"serialDisplay"菜单命令,可以查看到下列程序代码。

```
/*
LiquidCrystal Library-Serial Input

Demonstrates the use a 16x2 LCD display.  The LiquidCrystal
library works with all LCD displays that are compatible with the
```

```
Hitachi HD44780 driver. There are many of them out there, and you
can usually tell them by the 16-pin interface.

This sketch displays text sent over the serial port
(e.g. from the Serial Monitor) on an attached LCD.

Library originally added 18 Apr 2008
by David A. Mellis
library modified 5 Jul 2009
by Limor Fried(http://www. ladyada. net)
example added 9 Jul 2009
by Tom Igoe
modified 22 Nov 2010
by Tom Igoe

This example code is in the public domain.

http://www. arduino. cc/en/Tutorial/LiquidCrystalSerial
 */

//包含 LiquidCrystal 头文件
#include <LiquidCrystal. h>

//实例化一个 lcd 的 LiquidCrystal 类的对象,并初始化相关引脚
LiquidCrystal lcd(12,11,4,5,6,7);

void setup()  {
  //初始化 LCD 行、列数,2 行、16 列
  lcd. begin(16,2);
  //初始化串口通信波特率为 9600
  Serial. begin(9600);
}

void loop()
{
  //当串口接收到字符时…
  if(Serial. available())  {
    //等待所有字符进入缓冲区
    delay(100);
    //清屏
    lcd. clear();
    //读取可用字符
    while(Serial. available()>0){
      //将字符逐个显示到 LCD
```

```
        lcd.write(Serial.read());
      }
   }
}
```

程序中延时很重要，在这里是为了等待所有字符进入缓冲区，如果没有延时操作，则 arduino 会在还没接收完数据的情况下继续运行后续的程序，从而使数据丢失。

3. 滚动显示

当需要为文字增加效果时，可以使用下列代码实现滚动显示。

单击执行"文件"菜单下的"示例"子菜单下的"LiquidCrystal"下的"scroll"菜单命令，可以查看到下列程序代码。

```
/*
 LiquidCrystal Library-scrollDisplayLeft() and scrollDisplayRight()

 Demonstrates the use a 16x2 LCD display. The LiquidCrystal
 library works with all LCD displays that are compatible with the
 Hitachi HD44780 driver. There are many of them out there, and you
 can usually tell them by the 16-pin interface.

 This sketch prints "Hello World!" to the LCD and uses the
 scrollDisplayLeft() and scrollDisplayRight() methods to scroll
 the text.

 Library originally added 18 Apr 2008
 by David A. Mellis
 library modified 5 Jul 2009
 by Limor Fried(http://www.ladyada.net)
 example added 9 Jul 2009
 by Tom Igoe
 modified 22 Nov 2010
 by Tom Igoe

 This example code is in the public domain.

 http://www.arduino.cc/en/Tutorial/LiquidCrystalScroll

 */
//包含 LiquidCrystal 头文件
#include <LiquidCrystal.h>

//initialize the library with the numbers of the interface pins
LiquidCrystal lcd(12,11,4,5,6,7);
//初始化
void setup()  {
```

```
    //实例化一个 lcd 的 LiquidCrystal 类的对象,并初始化相关引脚
    lcd.begin(16,2);
    //打印"hello,world!"到 LCD
    lcd.print("hello,world!");
    delay(1000);//延时 1 秒
}
//主循环
void loop()  {
    //向左滚动 13 列
    //移动到显示区之外
    for(int positionCounter=0;positionCounter<13;positionCounter++){
        //向左滚动一格
        lcd.scrollDisplayLeft();
        //等待 150ms
        delay(150);
    }

    //向右滚动 29 格
    //移动到显示区外
    for(int positionCounter=0;positionCounter<29;positionCounter++)  {
        //向右滚动一格
        lcd.scrollDisplayRight();
        //等待 150ms
        delay(150);
    }

    //向左滚动 16 格
    //移动到中间位置
    for(int positionCounter=0;positionCounter<16;positionCounter++)  {
        //向左滚动一格
        lcd.scrollDisplayLeft();
        //等待 150ms
        delay(150);
    }

    //每次循环结束,等待 1 秒,再开始下一次循环
    delay(1000);

}
```

在滚动过程中，如果看到有重影，可以适当增加滚动一格后的延时时间来消除重影。

技能训练

一、训练目标

（1）了解液晶显示器 LCD1602。

（2）学会用 Arduino 控制液晶显示器 LCD1602。

二、训练步骤与内容

1. 建立一个新项目

（1）在 E 盘 A2560 文件夹，新建一个文件夹 M01。

（2）启动 Arduino 软件。

（3）选择"文件"→"New"，自动创建一个新项目。

（4）选择"文件"→"另存为"，打开另存为对话框，选择另存的文件夹 M01，打开文件夹 M01，在文件名栏输入"M001"，单击"保存"按钮，保存 M001 项目文件。

2. 编写控制程序文件

在 M001 项目文件编辑区输入"静态显示"程序，单击执行文件菜单下"保存"菜单命令，保存项目文件。

3. 编译、下载、调试

（1）按图 13-5 连接电路。

（2）通过 USB 将 Arduino Mega2560 板与计算机 USB 端口连接。

（3）单击"项目"→"验证/编译"，或单击工具栏的"验证/编译"按钮，Arduino 软件首先验证程序是否有误，若无误，程序自动开始编译程序。

（4）等待编译完成，在软件调试提示区，观看编译结果。

（5）单击工具栏的下载按钮，将程序下载到 Arduino Mega2560 控制板，观察液晶显示器 LCD1602 显示的内容，若无显示，可调节电位器改变 LCD 对比度，使字符能显示。

4. 显示串口输入数据

（1）新建一个项目，另存为 M002，输入文件编辑区输入"将串口监视器输入数据显示在 LCD1602 上"的程序，单击执行文件菜单下"保存"菜单命令，保存项目文件。

（2）编译、下载后，打开串口监视器。

（3）单击串口监视器下部的设置结束符的箭头，选择"没有结束符"选项。

（4）在串口监视器输入栏，输入"I love arduino"，观察 LCD 的输出显示。

5. 滚动显示

（1）新建一个项目，另存为 M003，输入文件编辑区输入"滚动显示"程序，单击执行文件菜单下"保存"菜单命令，保存项目文件。

（2）编译、下载后，观察 LCD 的输出显示。

任务 27　制作 LCD 电压表

一、电压表

电压表是检测电压的仪表。电路正常工作时，电路中各点的工作电压都有一个相对稳定的正常值或动态变化的范围。如果电路中出现开路故障、短路故障或元器件性能参数发生改变时，该电路中的工作电压也会跟着发生改变。所以电压测量就能通过检测电路中某些关键点的工作电压有或者没有、偏大或偏小、动态变化是否正常，然后根据不同的故障现象，结合电路的工作原理进行分析，找出故障的原因。

本项目介绍如何利用 LCD 进行电压的测量。

二、制作 LCD 电压表

1. 数据范围映射函数 map（）

数据范围映射函数 map（）的功能是将一个数从一个范围映射到另外一个范围。

语法：

```
map(value,fromLow,fromHigh,toLow,toHigh)
```

参数：

value：需要映射的值。

fromLow：当前范围值的下限。

fromHigh：当前范围值的上限。

toLow：目标范围值的下限。

toHigh：目标范围值的上限。

返回值：被映射的值。

map（）函数将 value 数据的 fromLow（下限值）到 fromHigh（上限值）之间的值映射到 toLow（新数据的下限值）在 toHigh（新数据的上限值）之间的值。

不限制值的范围，因为范围外的值有时是刻意的和有用的。如果需要限制的范围，constrain（）函数可以用于此函数之前或之后。

注意：两个范围中的"下限"可以比"上限"更大或者更小，因此 map（）函数可以用来翻转数值的范围，例如：

```
y=map(x,1,100,100,1);
```

这个函数同样可以处理负数，请看下面这个例子：

```
y=map(x,1,100,100,-10);
```

是有效的并且可以很好的运行。

数据范围映射函数 map（）函数使用整型数进行运算因此不会产生分数，这时运算应该表明它需要这样做。小数的余数部分会被舍去，不会四舍五入或者平均。

2. LCD 电压表电路

LCD 电压表电路如图 13-7 所示。

本项目采用 LCD 的 4 位数据接法，Arduino Mega2560 控制板的引脚 4~引脚 7 与 LCD 的 D4~D7 连接，Arduino Mega2560 控制板的引脚 12 接 LCD 的 RS 指令、数据选择端，Arduino Mega2560 控制板的引脚 11 接 LCD 的 E 使能端，Arduino Mega2560 控制板的 GND 接地端连接 LCD 的 R/W 读、写控制端。

LCD 的 V0 端连接一个电位器，用于控制 LCD 的对标度。

LCD 的 LED 背光源端 A、K 分别连接 Arduino Mega2560 控制板的 5V 电源端和 GND 接地端，使背光源点亮。

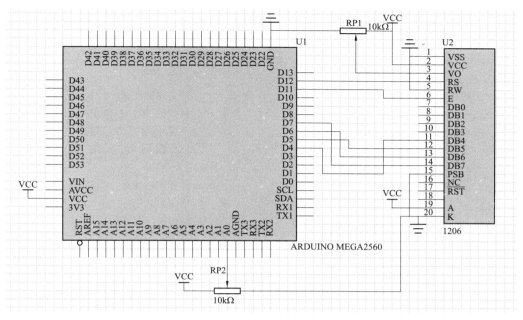

图 13-7　LCD 电压表电路

3. LCD 电压表控制程序

LCD 电压表控制程序包括设置模拟电压输入采样端、LCD 实例化、LCD 初始化、电压测量、量程转换、测量数据显示等程序。

LCD 电压表控制程序清单如下：

```
#include <LiquidCrystal.h>              //包含 LiquidCrystal 头文件
//实例化一个 lcd 的 LiquidCrystal 类的对象,并初始化相关引脚
LiquidCrystal lcd(12,11,4,5,6,7);
int analogInPin=A0;                     //设置模拟输入采样端
//初始化函数
void setup()  {
  //设置 LCD 行、列数,2 行、16 列
  lcd.begin(16,2);
  lcd.clear();                          //清屏
  lcd.setCursor(1,0);                   //设置光标在第 1 行、第 2 列
  lcd.print("^_^ Welcome ^_^");         //打印 Welcome 等
  lcd.setCursor(1,1);                   //设置光标在第 2 行、第 2 列
  lcd.print("I love arduino");          //打印"I love arduino"
  delay(2000);

}
//主循环函数
void loop()  {
  int sensorVol=analogRead(analogInPin);       //检测模拟输入电压
  int voltage=map(sensorVol,0,1023,0,500);     //量程数据变换
```

```
    showVol(voltage);                           //显示电压值
    delay(100);                                 //延时100ms,使读数稳定
}
//显示电压函数
void showVol(int vol)  {
    int vBai,vShi,vGe;                          //定义局部变量
    vBai=vol/100% 10;                           //百位数,电压整数位
    vShi=vol/10% 10;                            //十位数,小数点后第1位
    vGe=vol% 10;                                //个位数,小数点后第2位
    lcd.clear();                                //lcd清屏
    lcd.setCursor(3,0);                         //设置光标在第1行、第4列
    lcd.print("Voltage is");                    //打印Voltage is
    lcd.setCursor(6,1);                         //定位电压显示位置
    lcd.print(vBai);
    lcd.print(".");                             //打印小数点
    lcd.print(vShi);
    lcd.print(vGe);
}
```

程序通过"sensorVol = analogRead（analogInPin）;"语句检测模拟输入端的电压,然后通过"voltage = map（sensorVol, 0, 1023, 0, 500）;"语句进行数据映射,将被测电压模数转换后的

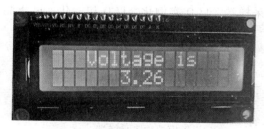

数据（0~1023）映射为可显示的模拟电压值数据（0~500）,通过电压显示函数 showVol（voltage）;显示被测电压值。

在电压显示函数中,根据实际被测电压为0~5V的情况,将数据首先处理为整数和小数部分,然后进行相应的显示,并且在整数后面添加了小数点显示。

程序运行后,1602LCD 电压显示结果如图 13-8 所示。

图 13-8   1602LCD 电压显示结果

三、使用 I²C 总线的 LCD

1. I²C 总线的 LCD

I²C 总线 LCD1602 液晶显示器,只需要利用 Arduino 控制板 2 个 I/O,SDA,SCL 就能将原来需要 7 个 I/O 口才能驱动起来 1602 液晶显示屏点亮使用,通过 I²C 总线转换模块可以帮你省 5 个 I/O 口,同时带背光电源控制,可以通过跳线帽设置是否连接背光电源。插上跳线帽为连接背光电源,拔掉跳线帽为断开背光电源,对比度可调节,旋转蓝色电位器,顺时针增强,逆时针减弱。电位器设计在正面,方便客户随时随地自由调节,模块可级联,最多可级联 8 个。通过短路 A0/A1/A2 修改设备地址。默认地址为 0x27。图 13-9 所示为 I²C 总线的 LCD1602。

图 13-9   I²C 总线的 LCD1602

2. I^2C 总线的 LCD 应用

（1）将 I^2C 总线的 LCD 库文件 LiquidCrystal_I^2C1602V1 复制到 arduino 库文件夹 libraries 下。

（2）启动 arduino 软件。

（3）打开示例程序。如图 13-10 所示，单击执行文件菜单下"示例"子菜单下的"Liquid-Crystal_I^2C1602V1"选项下的"HelloWord"命令，可以打开示例程序。

图 13-10　打开 HelloWord 示例程序

```
//YWROBOT
//Compatible with the Arduino IDE 1.0
//Library version:1.1
#include <Wire.h>
#include <LiquidCrystal_I²C.h>

LiquidCrystal_I²C lcd(0x27,16,2);  //set the LCD address to 0x27 for a 16 chars
and 2 line display

void setup()
{
  lcd.init();                //initialize the lcd

  //Print a message to the LCD.
```

```
    lcd.backlight();
    lcd.print("Hello,world!");
}

void loop()
{
}
```

（4）修改程序中 I²C 总线的 LCD 地址为"0x3F"。

（5）编译下载程序，可以看到 I²C 总线的 LCD 显示，"Hello，world!"，如图 13-11 所示。

图 13-11　Hello，world

技能训练

一、训练目标

（1）了解数据范围映射函数 map（）。

（2）学会制作 LCD 电压表。

二、训练步骤与内容

1. 建立一个新项目

（1）在 E 盘 A2560 文件夹，新建一个文件夹 M04。

（2）启动 Arduino 软件。

（3）选择"文件"→"New"，自动创建一个新项目。

（4）选择"文件"→"另存为"，打开另存为对话框，选择另存的文件夹 M04，打开文件夹 M04，在文件名栏输入"M004"，单击"保存"按钮，保存 M004 项目文件。

2. 编写控制程序文件

在 M004 项目文件编辑区输入"LCD 电压表控制"程序，单击执行文件菜单下"保存"菜单命令，保存项目文件。

3. 编译、下载、调试

（1）按图 13-7 连接电路。

（2）通过 USB 将 Arduino Mega2560 板与计算机 USB 端口连接。

（3）单击"项目"→"验证/编译"，或单击工具栏的"验证/编译"按钮，Arduino 软件首先验证程序是否有误，若无误，程序自动开始编译程序。

（4）等待编译完成，在软件调试提示区，观看编译结果。

（5）单击工具栏的下载按钮，将程序下载到 Arduino Mega2560 控制板，观察液晶显示器 LCD1602 显示的内容，若无显示，可调节电位器改变 LCD 对比度，使数据能正常显示。

（6）调节模拟取样电位器，观察液晶显示器 LCD1602 显示的内容的变化。

4. 制作 I^2C 总线 LCD 电压表

（1）按图 13-9 连接电路。

（2）启动 Arduino 软件。

（3）编写输入 I^2C 总线 LCD 电压表控制程序。

（4）编译、下载、调试程序。

习题 13

1. 用液晶屏 LCD1602 实现"Study Well"和"Make Progress"两行英文字符静态显示。

2. 利用 I^2C 总线的 LCD1602 液晶屏，实现"Study Well"和"Make Progress"两行英文字符静态显示。

3. 用 I^2C 总线 LCD1602 液晶屏制作电压表，量程为 0~5V。

4. 用液晶屏 LCD1602 和湿度传感器 DHT11，制作湿度测量仪表。

项目十四　综合应用

○ 学习目标

（1）学习 LED 点阵知识。
（2）学会矩阵 LED 点阵驱动控制。
（3）用 LED 点阵显示"I LOVE YOU"。
（4）学会制作 LED 数码管电压表。

任务 28　LED 点阵驱动控制

一、LED 点阵知识

1. LED 点阵的点点滴滴

LED 点阵显示屏作为一种现代电子媒体，具有灵活的显示面积（可任意的分割和拼装），具有高亮度、工作电压低、功耗小、小型化、寿命长、耐冲击和性能稳定等特点，所以其应用极为广阔，目前正朝着高亮度、更高耐气候性、更高的发光密度、更高的发光均匀性，可靠性、全色化发展。8×8 的红色 LED 点阵如图 14-1 所示。

2. LED 点阵工作原理

（1）LED 点阵分析。说到 LED 点阵，或许读者们会有一种神秘感，为何呢？走在大街小巷，看到那一个个LED 显示屏，总以为那东西只能是高手的杰作，自己没法制作，其实它一点都不神秘，无非就是控制一个个LED 发光二极管的亮灭。当然复杂的 LED 显示屏，是要涉及算法、电路设计、电源设计等，至于这些读者暂时不用考虑，先学会 8×8 的点阵控制，之后再去挑战控制其他的 LED 点阵。

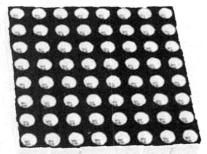

图 14-1　8×8 红色 LED 点阵

8×8 点阵内部原理图如图 14-2 所示。8×8 的 LED 点阵，就是按行列的方式将其阳极、阴极有序的连接起来，将第 1、2…8 行 8 个灯的阳极都连在一起，作为行选择端（高电平有效），接着将第 1、2…8 列 8 个灯的阴极连在一起，作为列选择端（低电平有效）。从而通过控制这 8 行、8 列数据端来控制每个 LED 灯的亮灭。例如，要让第 1 行的第 1 个灯亮，只需给 9 管脚高电平（其余行为低电平），给 13 管脚低电平（其余列为高电平）；再如，要点亮第 6 行的第 5 个灯，那就是给 7 管脚（第 6 行）高电平，再给 6 管脚（第 5 列）低电平。同理，就可以任意的控制这 64 个 LED 的亮灭。

（2）LED 点阵驱动硬件分析。根据 74HC595 数据手册可以设计出如图 14-3 所示的电路，

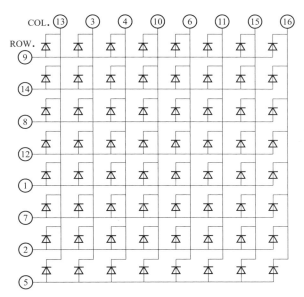

图 14-2 8×8 点阵内部原理图

其中 SCLR（10 脚）是复位脚，低电平有效，因而这里接 VCC，意味着不对该芯片复位；之后 OE（13 脚）输出使能端，故接 GND，表示该芯片可以输出数据；接下来是 SER、STCP、SHCP 分别接 Arduino Mega2560 控制板的引脚 10、11、12 用于控制 74HC595；QH' 用于级联，这里由于没有级联，故没有电器连接；最后就是 15、1～7 分别接点阵的 R1～R8，用来控制其点阵的行（高电平有效）。

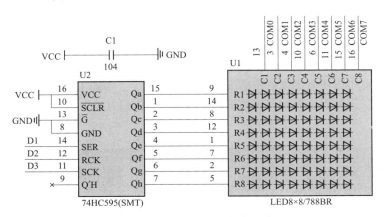

图 14-3 74HC595 驱动点阵电路图

点阵的 8 列（COM0～COM7）分别接 Arduino Mega2560 控制板的引脚 2～引脚 9，当然是用于控制 LED 点阵的列了。

（3）点亮 LED 点阵的第 1 行。首先分析列，要点亮第 1 行的 8 个灯，意味着 8 列（C1～C8）都为低电平，那么有：PLedPin［］=0x00。接着分析行，只需第 1 行亮，那么就是只有第 1 行为高电平，别的都为低电平，这样 74HC595 输出的数据就是 0x01，由上述原理可知，Qh 为高位，Qa 为低位，这样串行输入的数据就为 0x01。从而第一行的 8 个 LED 的正极为高电平，负极为低电平，此时第 1 行的 8 个灯被点亮。

（4）驱动整个 LED 点阵

利用 for 循环和移位输出指令控制 74HC595，控制各行的输出，再利用 digitalWrite（LedPin[n]，val）语句控制各列的输出，从而可以控制 LED 点阵的输出。

二、LED 点阵字模

1. 字模提取

如何将图形转换成单片机中能存储的数据，这里是要借助取模软件的，启动后的字模提取软件如图 14-4 所示。

（1）单击如图 14-4 所示中的"新建图像"，此时弹出图 14-5 所示的新建图像设置对话框，要求输入图像的"宽度"和"高度"，因为实验板中的点阵是 8×8 的，所以这里宽、高都输入 8，然后单击"确定"。

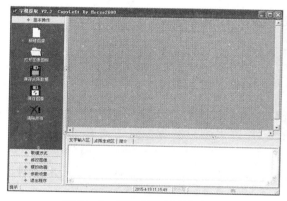

图 14-4　字模提取软件界面图

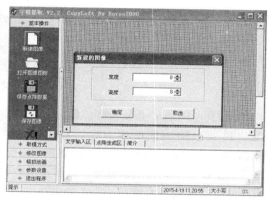

图 14-5　新建图像设置

（2）这时就能看到图形框中出现一个白色的 8×8 格子块，可是有点小，不好操作，接着单击左面的"模拟动画"，再单击"放大格点"，如图 14-6 所示，一直放大到最大。

（3）此时，就可以用鼠标来点击出读者想要的图形了，如图 14-7 所示。当然还可以对刚绘制的图形保存，以便以后调用。当然读者还可以用同样的方法来绘制出别的图形，这里就不重复介绍了。

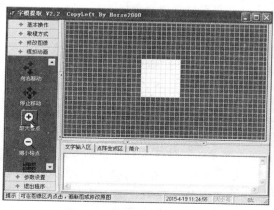

图 14-6　单击"放大格点"

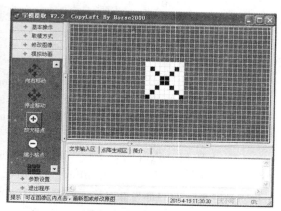

图 14-7　绘制图形

（4）选择左面的菜单项。单击"参数设置"选项，再单击"其他选项"，弹出如图14-8所示的对话框。

（5）如图14-9所示，取摸方式选择"纵向取模"，"字节倒序"前打勾，因为实验板上是用74HC595来驱动的，也就是说串行输入的数据最高位对应的是点阵的第8行，所以要让字节数倒过来。单击"确定"，确定取模参数。

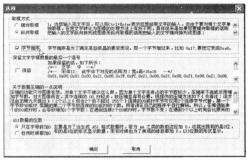

图14-8　参数设置对话框　　　　　图14-9　设置取模参数

（6）最后单击"取模方式"，并选择"C51格式"，此时右下角点阵生成区就会出现该图形所对应的数据，如图14-10所示。

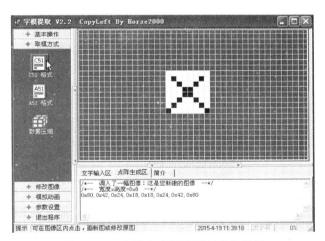

图14-10　点阵生成图形所对应的数据

（7）此时就完整确定了一张图的点阵数据，直接COPY到数组中显示就OK了。

2. 字模数据分析

在该取模软件中，黑点表示"1"，白点表示"0"。前面设置取模方式时选了"纵向取模"，那么此时就是按从上到下的方式取模（软件默认的），可作者在"字节倒序"前打了勾，这样就变成了从下到上取模，接着对应图14-10来分析数据，第一列的点色为：1黑7白，那么数据就是：0b1000 0000（0x80），用同样的方式，读者可以算出第2…8列的数据，看是否与取模软件生成的相同。

3. LED点阵显示I LOVE YOU控制程序

有了以上取模软件，相信读者很快就能取出图14-11待取摸的图形的字模数据。

这样，就可以得到26个图形的字模数据，最后将其写成一个26行、8列的二维数组（作

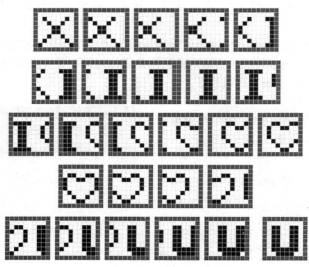

图 14-11　待取摸的图形

者在下面程序中所加的是为了增加花样），以便后续程序调用。具体源码如下：

```
const int LedPin[]={2,3,4,5,6,7,8,9};
int latch=11;                                    //74HC595 锁存端
int srclk=12;                                    //74HC595 移位控制端
int ser=10;                                      //74HC595 数据输入端
const char RowArr1[32][8]={
{0x80,0x42,0x24,0x18,0x18,0x24,0x42,0x80},       //第 1 帧图画数据
{0x42,0x24,0x18,0x18,0x24,0x42,0x80,0x00},       //第 2 帧图画数据
{0x24,0x18,0x18,0x24,0x42,0x80,0x00,0x00},       //第 3 帧图画数据
{0x18,0x18,0x24,0x42,0x80,0x00,0x00,0x82},       //第 4 帧图画数据
{0x18,0x24,0x42,0x80,0x00,0x00,0x82,0xFE},       //第 5 帧图画数据
{0x24,0x42,0x80,0x00,0x00,0x82,0xFE,0xFE},       //第 6 帧图画数据
{0x42,0x80,0x00,0x00,0x82,0xFE,0xFE,0x82},       //第 7 帧图画数据
{0x80,0x00,0x00,0x82,0xFE,0xFE,0x82,0x00},       //第 8 帧图画数据
{0x00,0x00,0x82,0xFE,0xFE,0x82,0x00,0x00},       //第 9 帧图画数据
{0x00,0x82,0xFE,0xFE,0x82,0x00,0x00,0x1C},       //第 10 帧图画数据
{0x82,0xFE,0xFE,0x82,0x00,0x00,0x1C,0x22},       //第 11 帧图画数据
{0xFE,0xFE,0x82,0x00,0x00,0x1C,0x22,0x42},       //第 12 帧图画数据
{0xFE,0x82,0x00,0x00,0x1C,0x22,0x42,0x84},       //第 13 帧图画数据
{0x82,0x00,0x00,0x1C,0x22,0x42,0x84,0x84},       //第 14 帧图画数据
{0x00,0x00,0x1C,0x22,0x42,0x84,0x84,0x42},       //第 15 帧图画数据
{0x00,0x1C,0x22,0x42,0x84,0x84,0x42,0x22},       //第 16 帧图画数据
{0x1C,0x22,0x42,0x84,0x84,0x42,0x22,0x1C},       //第 17 帧图画数据
{0x1C,0x3E,0x7E,0xFC,0xFC,0x7E,0x3E,0x1C},       //第 18 帧图画数据
{0x1C,0x3E,0x7E,0xFC,0xFC,0x7E,0x3E,0x1C},       //重复心形,停顿效果
{0x22,0x42,0x84,0x84,0x42,0x22,0x1C,0x00},       //第 19 帧图画数据
{0x42,0x84,0x84,0x42,0x22,0x1C,0x00,0x00},       //第 20 帧图画数据
```

```
{0x84,0x84,0x42,0x22,0x1C,0x00,0x00,0x7E},          //第 21 帧图画数据
{0x84,0x42,0x22,0x1C,0x00,0x00,0x7E,0xFE},          //第 22 帧图画数据
{0x42,0x22,0x1C,0x00,0x00,0x7E,0xFE,0xC0},          //第 23 帧图画数据
{0x22,0x1C,0x00,0x00,0x7E,0xFE,0xC0,0xC0},          //第 24 帧图画数据
{0x1C,0x00,0x00,0x7E,0xFE,0xC0,0xC0,0xFE},          //第 25 帧图画数据
{0x00,0x00,0x7E,0xFE,0xC0,0xC0,0xFE,0x7E},          //第 26 帧图画数据
{0x00,0x7E,0xFE,0xC0,0xC0,0xFE,0x7E,0x00},          //第 27 帧图画数据
{0x00,0x7E,0xFE,0xC0,0xC0,0xFE,0x7E,0x00},          //重复 U,产生停顿效果
{0x00,0x7E,0xFE,0xC0,0xC0,0xFE,0x7E,0x00},          //若要停顿时间长,多重复几次即可
{0x00,0x7E,0xFE,0xC0,0xC0,0xFE,0x7E,0x00},
{0x00,0x7E,0xFE,0xC0,0xC0,0xFE,0x7E,0x00}
};
//初始化程序
void setup()  {
  pinMode(latch,OUTPUT);                            //设置锁存驱动端为输出
    pinMode(ser,OUTPUT);                            //设置数据端为输出
    pinMode(srclk,OUTPUT);                          //设置移位端为输出
  for(int i=0;i<8;i++)
    {pinMode(LedPin[i],OUTPUT);                     //设置各列输出驱动端为输出
    digitalWrite(LedPin[i],HIGH);                   //设置各列输出驱动端为高电平
    }

}
                                                    //主循环程序
void loop()  {
  for(int nMode=0;nMode<32;nMode++){                //帧循环控制
    for(int n=0;n<8;n++){                           //列扫描循环
    digitalWrite(LedPin[n],LOW);                    //列输出为低电平
    digitalWrite(latch,HIGH);                       //锁存为高电平
    digitalWrite(latch,LOW);                        //锁存为低电平,开门
    shiftOut(ser,srclk,MSBFIRST,RowArr1[nMode][n]);//移位输出行数据
    delay(1);
    digitalWrite(latch,HIGH);                       //锁存为高电平,关门
    digitalWrite(latch,LOW);                        //锁存为低电平,开门
    shiftOut(ser,srclk,MSBFIRST,0x00);              //移位消隐数据
    delay(1);
    digitalWrite(LedPin[n],HIGH);                   //锁存为高电平,关门
    }
  }
  delay(100);
}
```

该程序有详细的注释,很容易理解,这里主要说明几点:

(1)变量的定义。通过"const int LedPin [ ]={2,3,4,5,6,7,8,9};"语句定义引脚数组。通过"int latch=11;"等语句,定义 74HC595 的 SER、STCP、SHCP 驱动引脚分别为

Arduino Mega2560控制板的引脚10、引脚11和引脚12。

（2）通过"const char RowArr1［32］［8］"语句定义图像二维数组。

（3）初始化程序中，定义各个输出驱动端为输出，列输出端控制初始设置为高电平，关闭各列输出。

（4）主程序中，图形的调用过程是先用取模软件对其要显示的图形取模，然后对其图形一张一张的进行调用，这种方式简单可行，但不易扩展、移植。

三、应用两只 HC595 驱动 LED 点阵

（1）应用两只 HC595 驱动 LED 点阵电路（见图 14-12）。

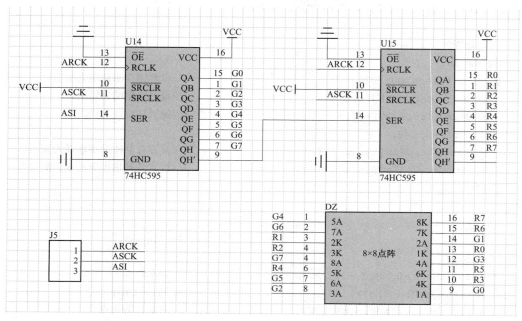

图 14-12　应用 HC595 驱动 LED 点阵电路

（2）应用两只 HC595 驱动 LED 点阵控制程序。

```
const int Ledcol[]={0xfe,0xfd,0xfb,0xf7,0xef,0xdf,0xbf,0x7f};
int latch=11;                                    //74HC595 锁存端
int srclk=12;                                    //74HC595 移位控制端
int ser=10;                                      //74HC595 数据输入端
const char RowArr1[32][8]={
{0x80,0x42,0x24,0x18,0x18,0x24,0x42,0x80},       //第 1 帧图画数据
{0x42,0x24,0x18,0x18,0x24,0x42,0x80,0x00},       //第 2 帧图画数据
{0x24,0x18,0x18,0x24,0x42,0x80,0x00,0x00},       //第 3 帧图画数据
{0x18,0x18,0x24,0x42,0x80,0x00,0x00,0x82},       //第 4 帧图画数据
{0x18,0x24,0x42,0x80,0x00,0x00,0x82,0xFE},       //第 5 帧图画数据
{0x24,0x42,0x80,0x00,0x00,0x82,0xFE,0xFE},       //第 6 帧图画数据
{0x42,0x80,0x00,0x00,0x82,0xFE,0xFE,0x82},       //第 7 帧图画数据
{0x80,0x00,0x00,0x82,0xFE,0xFE,0x82,0x00},       //第 8 帧图画数据
```

```
{0x00,0x00,0x82,0xFE,0xFE,0x82,0x00,0x00},                //第9帧图画数据
{0x00,0x82,0xFE,0xFE,0x82,0x00,0x00,0x1C},                //第10帧图画数据
{0x82,0xFE,0xFE,0x82,0x00,0x00,0x1C,0x22},                //第11帧图画数据
{0xFE,0xFE,0x82,0x00,0x00,0x1C,0x22,0x42},                //第12帧图画数据
{0xFE,0x82,0x00,0x00,0x1C,0x22,0x42,0x84},                //第13帧图画数据
{0x82,0x00,0x00,0x1C,0x22,0x42,0x84,0x84},                //第14帧图画数据
{0x00,0x00,0x1C,0x22,0x42,0x84,0x84,0x42},                //第15帧图画数据
{0x00,0x1C,0x22,0x42,0x84,0x84,0x42,0x22},                //第16帧图画数据
{0x1C,0x22,0x42,0x84,0x84,0x42,0x22,0x1C},                //第17帧图画数据
{0x1C,0x3E,0x7E,0xFC,0xFC,0x7E,0x3E,0x1C},                //第18帧图画数据
{0x1C,0x3E,0x7E,0xFC,0xFC,0x7E,0x3E,0x1C},                //重复心形,停顿效果
{0x22,0x42,0x84,0x84,0x42,0x22,0x1C,0x00},                //第19帧图画数据
{0x42,0x84,0x84,0x42,0x22,0x1C,0x00,0x00},                //第20帧图画数据
{0x84,0x84,0x42,0x22,0x1C,0x00,0x00,0x7E},                //第21帧图画数据
{0x84,0x42,0x22,0x1C,0x00,0x00,0x7E,0xFE},                //第22帧图画数据
{0x42,0x22,0x1C,0x00,0x00,0x7E,0xFE,0xC0},                //第23帧图画数据
{0x22,0x1C,0x00,0x00,0x7E,0xFE,0xC0,0xC0},                //第24帧图画数据
{0x1C,0x00,0x00,0x7E,0xFE,0xC0,0xC0,0xFE},                //第25帧图画数据
{0x00,0x00,0x7E,0xFE,0xC0,0xC0,0xFE,0x7E},                //第26帧图画数据
{0x00,0x7E,0xFE,0xC0,0xC0,0xFE,0x7E,0x00},                //第27帧图画数据
{0x00,0x7E,0xFE,0xC0,0xC0,0xFE,0x7E,0x00},                //重复U,产生停顿效果
{0x00,0x7E,0xFE,0xC0,0xC0,0xFE,0x7E,0x00},                //若要停顿时间长,多重复几次即可
{0x00,0x7E,0xFE,0xC0,0xC0,0xFE,0x7E,0x00},
{0x00,0x7E,0xFE,0xC0,0xC0,0xFE,0x7E,0x00}
};

//初始化程序
void setup(){
    pinMode(latch,OUTPUT);                    //设置锁存驱动端为输出
    pinMode(ser,OUTPUT);                      //设置数据端为输出
    pinMode(srclk,OUTPUT);                    //设置移位端为输出
}

//主循环程序
void loop(){
  for(int nMode=0;nMode<32;nMode++){          //帧循环控制
    for(int n=0;n<8;n++){                     //列扫描循环
    digitalWrite(latch,HIGH);                 //锁存为高电平
    digitalWrite(latch,LOW);                  //锁存为低电平,开门
    shiftOut(ser,srclk,MSBFIRST,Ledcol[n]);   //移位输出列数据
    shiftOut(ser,srclk,MSBFIRST,RowArr1[nMode][n]); //移位输出行数据
    delay(1);
    digitalWrite(latch,HIGH);                 //锁存为高电平,关门
    digitalWrite(latch,LOW);                  //锁存为低电平,开门
```

```
        shiftOut(ser,srclk,MSBFIRST,0xff);                //移位消隐数据
        shiftOut(ser,srclk,MSBFIRST,0x00);
        delay(1);
    digitalWrite(latch,HIGH);                              //锁存为高电平
        }
    }
    delay(100);
}
```

（3）程序分析。

1）通过 const int Ledcol［］定义列驱动数组。

2）通过 int latch=11 等语句定义 HC595 驱动 arduino MEGA2560 引脚。

3）通过 const char RowArr1［32］［8］定义字符驱动图形数组。

4）通过 void setup（）函数定义 HC595 驱动 arduino MEGA2560 引脚为输出。

5）通过 for（int nMode=0；nMode<32；nMode++）控制帧循环。

6）通过 for（int n=0；n<8；n++）控制列扫描循环。

7）通过 digitalWrite（latch，HIGH）语句控制 HC595 锁存关门。

8）通过 digitalWrite（latch，LOW）语句控制 HC595 锁存开门。

9）通过 shiftOut（ser，srclk，MSBFIRST，Ledcol［n］）语句移位输出列数据。

10）通过 shiftOut（ser，srclk，MSBFIRST，RowArr1［nMode］［n］）语句移位输出行数据。

11）通过 shiftOut（ser，srclk，MSBFIRST，0xff）语句移位输出列消隐藏数据。

12）通过 shiftOut（ser，srclk，MSBFIRST，0x00）语句移位输出行消隐藏数据。

 技能训练

一、训练目标

（1）学会使用字模软件。

（2）应用 LED 点阵显示"I LOVE YOU"。

二、训练步骤与内容

1. 建立一个新项目

（1）在 E 盘 A2560 文件夹，新建一个文件夹 N01。

（2）启动 Arduino 软件。

（3）选择"文件"→"New"，自动创建一个新项目。

（4）选择"文件"→"另存为"，打开另存为对话框，选择另存的文件夹 N01，打开文件夹 N01，在文件名栏输入"N001"，单击"保存"按钮，保存 N001 项目文件。

2. 编写控制程序文件

在 N001 项目文件编辑区输入"LED 点阵显示 I LOVE YOU"控制程序，单击执行文件菜单下"保存"菜单命令，保存项目文件。

3. 编译、下载、调试

（1）按图 14-3 连接电路。

（2）通过 USB 将 Arduino Mega2560 板与计算机 USB 端口连接。

（3）单击"项目"→"验证/编译"，或单击工具栏的"验证/编译"按钮，Arduino 软件首先验证程序是否有误，若无误，程序自动开始编译程序。

（4）等待编译完成，在软件调试提示区，观看编译结果。

（5）单击工具栏的下载按钮，将程序下载到 Arduino Mega2560 控制板，观察 LED 点阵显示。

4. 应用两只 HC595 驱动 LED 点阵控制

（1）按图 14-12 连接电路。

（2）启动 arduino 软件，输入"应用两只 HC595 驱动 LED 点阵控制"控制程序。

（3）编译、下载程序到 Arduino Mega2560 控制板，观察动态显示"I LOVE YOU"字符结果。

任务 29　LED 广州塔控制

一、LED 广州塔

1. LED 广州塔的结构

LED 广州塔是由 256 只 LED 发光二极管组成，由塔身支架固定，塔身第一部分是 4 组有机玻璃 16 圈 LED 支架片，如图 14-13 所示。LED 支架片上标有 1-16 数字，表示为最下面第一层到最上面 16 层。

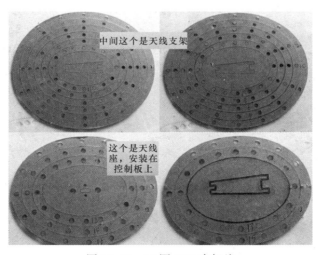

图 14-13　16 圈 LED 支架片

塔身的第二部分是由 2 片有机玻璃制作的长条天线，天线比较长，做成两节了，使用时需要粘接一起安装。

塔身的第三部分是 LED 发光二极管，可以使用单色的 LED，颜色可以是红色、蓝色、绿色，形状可以是方形、圆形等。LED 发光二极管也可以采用双色发光二极管，还可以采用 RGB 三色发光二极管。塔身的 256 只 LED 发光二极管，可以混色使用。

2. LED 广州塔制作

制作时先处理 LED 发光二极管，剪掉 LED 的负极引脚，保留 2mm 即可。然后将正极向外

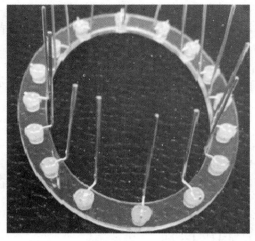

图 14-14　固定 16 只 LED 发光二极管

弯折，距离根部 2mm 处折弯 90 度。将折好的 LED 发光二极管插到灯架上，每一圈灯架上固定 16 只 LED 发光二极管，如图 14-14 所示。16 只 LED 发光二极管负极连接在一起，引出一个控制端。

16 层 LED 发光二极管灯架做好后，进行塔身连接。每一层的上下距离尽量最大。先将第一层的公共端插到板子对应插孔。板上有标注的（单色的将正极插到板子）。然后一层一层上向上搭接，搭接时将竖列正极焊接起来即可。16 层全部焊接完成以后，进行灯体旋转。每一层顺时针旋转大概 5°~6°。16 层共 90°，最上面一层与最下面一层相差 90° 即可，塔身连接完毕如图 14-15 所示。

天线上安装 4 只 LED 发光二极管，顶部 3 只，底部一只，4 只二极管并联在一起。然后将天线插到主板的天线座上，天线用胶水黏好，天线上部用支架固定。

LED 广州塔各层排列依个人爱好确定，可以制作出多种形式的 LED 广州塔。LED 广州塔整体结构如图 14-16 所示。

图 14-15　塔身连接

图 14-16　LED 广州塔整体结构

二、LED 广州塔控制

1. LED 广州塔控制电路

（1）主控电路（见图 14-17）。

主控电路中，Arduino Mega2560 控制板的 D37~D52 等 16 只引出脚分别连接一只 220Ω 的限流电阻作为列驱动输出，Arduino Mega2560 控制板的 D5~D9 与 D22~D33 共 16 只引出脚连接 2 只 ULN2803 输出集成电路作为层输出控制。

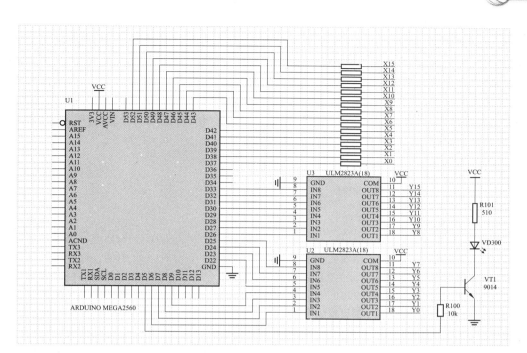

图 14-17　主控电路

（2）LED 矩阵电路（见图 14-18）。

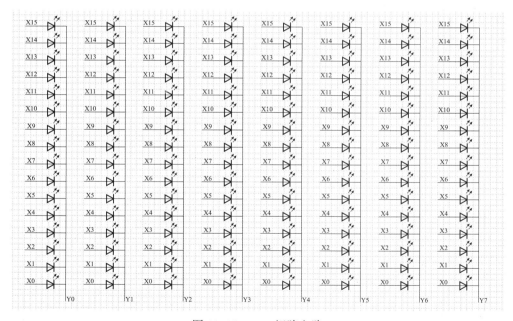

图 14-18　LED 矩阵电路

图 14-18 是第一层至第 8 层的 LED 矩阵电路，各层的共阴极的引出脚的标号为 Y0~Y7。第 9 层至第 16 层的 LED 矩阵电路与第一层至第 8 层的 LED 矩阵电路相似，只是各层的共阴极的引出脚的标号为 Y8~Y15。

2. LED 广州塔控制程序

当 Y0~Y15 某一端（如 Y0）为低电平，即与 Y0~Y15 对应的 Arduino Mega2560 控制板引脚端（D6）为高电平，Y0 层的所有二极管阴极接低电平，具备导通条件。当水平 X0~X15 某一端（如 X1）对应的发光二极管导通（图 14-18 中的 X1 行 Y0 列的二极管 X1Y0）发光。Arduino Mega2560 控制板的输出端用 4 个数组分别表示，给数组不同的数据，就可以控制所有的 LED 广州塔的 LED 点阵，输出不同的控制图案，分时输出不同的图形，再利用人眼的视觉暂留功能，产生绚丽的 LED 广州塔图像。

LED 广州塔控制程序如下：

```
#define uchar unsigned char
#define uint unsigned int
#define flashpin 5
uchar X0[]={37,38,39,40,41,42,43,44};          //对应 X0 行的 led 引脚
uchar X1[]={45,46,47,48,49,50,51,52};          //对应 X1 行的 led 引脚
uchar Y0[]={6,7,8,9,22,23,24,25};              //对应 Y0 列的 led 引脚
uchar Y1[]={26,27,28,29,30,31,32,33};          //对应 Y1 列的 led 引脚
/* 循环设置,把对应的 led 都设置成输出* /
void setup(){
  pinMode(flashpin,OUTPUT);                    //设置 flashpin 的引脚为输出
  for(int i=0;i<8;i++){
    pinMode(X0[i],OUTPUT);                     //设置 X0 行的 led 引脚为输出
    pinMode(X1[i],OUTPUT);                     //设置 X1 行的 led 引脚为输出
    pinMode(Y0[i],OUTPUT);                     //设置 Y0 列的 led 引脚为输出
    pinMode(Y1[i],OUTPUT);                     //设置与列的 led 引脚为输出
  }
}


/* 数据处理,把需要处理的 byte 数据写到对应的引脚端口。* /
void writebyte(uchar * x,uchar value){
  for(int j=0;j<8;j++)
    digitalWrite(x[j],bitRead(value,j));       //使用了 bitWrite 函数,非常简单
}


/* 数据处理,把需要处理的 byte 数据取反后,写到对应的引脚端口。* /
void writebyteN(uchar * y,uchar value){
  for(int j=0;j<8;j++)
    digitalWrite(y[j],! bitRead(value,j));     //使用了 bitWrite 函数,非常简单
}
/* 定义数据变量与数组* /
uchar i,k,a,p;                                 //定义全局无符号字符型变量
uint sc,sc1,sw;                                //定义全局无符号整型变量
const uchar tab[]={0xfe,0xfd,0xfb,0xf7,0xef,0xdf,0xbf,0x7f};//一个灯顺时针流水
const uchar tab1[]={0x7f,0xbf,0xdf,0xef,0xf7,0xfb,0xfd,0xfe};//一个灯顺时针流水
const uchar tab2[]={0x80,0x40,0x20,0x10,0x08,0x04,0x02,0x01};//双灯流水
```

```
const uchar tab3[]={0x00,0x80,0xc0,0xe0,0xf0,0xf8,0xfc,0xfe};//灯旋转
const uchar tab4[]={0x01,0x02,0x04,0x08,0x10,0x20,0x40,0x80};//双灯流水
const uchar tab5[]={0x00,0x01,0x03,0x07,0x0f,0x1f,0x3f,0x7f};//灯旋转
const uchar tab6[]={0x7f,0x3f,0x1f,0x0f,0x07,0x03,0x01,0x00};//顺时针回收
const uchar tab7[]={0xfe,0xfc,0xf8,0xf0,0xe0,0xc0,0x80,0x00};//顺时针回收
const uchar tab8[]={0x55,0xaa};    //竖直顺时针闪烁
const uchar tab9[]={0x80,0xc0,0xe0,0xf0,0xf8,0xfc,0xfe,0xff};//逆时针合围
constuchar tab10[]={0x01,0x03,0x07,0x0f,0x1f,0x3f,0x7f,0xff};//逆时针合围
const uchar tab11[]={0xaa,0x55};//竖直逆时针闪烁
/* 声明函数* /
void delaya(uint z);                              //延时 a
void delayb(uint x);                              //延时 b
void twolayerup();                                //两层上跳
void twolayerdown();                              //两层下跳
void clockwater();                                //两条单个顺时针滴水
void anticlockwater();                            //两条单个逆时针滴水
void twowaterdown();                              //两滴掉下
void twowaterup();                                //两滴上喷
void twolayerdraw();                              //两层向中间上下拉伸
void twolayerdraw1();                             //两层从顶向下拉伸
void twolayerdraws();                             //两层从中间向上下拉伸
void layerspin();                                 //单层从底向上旋转
void layerspind();                                //单层从顶向下旋转
void uprightc();                                  //两层竖立向圆顺时针合围
void uprightc1();                                 //两层竖立向圆顺时针回收
void antiupright();                               //两层竖立向圆逆时针回收
void antiupright1();                              //两层竖立向圆逆时针合围
void fourdropc();                                 //四条单个顺时针滴水闪
void antifourdrop();                              //四条单个逆时针滴水闪
void dropspin4();                                 //四条单个顺时针滴水转
void breath();                                    //呼吸灯
void halfbreath();                                //半层呼吸
void drop4down();                                 //四滴下闪
void drop4up();                                   //四滴上喷


void loop(){

  sc=2000;
  sc1=1200;
  sw=1;
while(1)
{
  breath();                                       //呼吸灯
  halfbreath();                                   //半层呼吸
```

```
for(p=0;p<5;p++){
    writebyte(X1,0xff);
    writebyte(X0,0xff);
    twolayerup();
}//两层上跳

for(p=0;p<5;p++){
    writebyte(X1,0xff);
    writebyte(X0,0xff);
    twolayerdown();
}//两层下跳

for(p=0;p<5;p++){
    writebyte(X1,0xff);
    writebyte(X0,0xff);
    twolayerup();
    twolayerdown();
}//两层上下跳动

for(p=0;p<8;p++){
    clockwater();
}//两条单个顺时针滴水

for(p=0;p<8;p++){
    anticlockwater();
}//两条单个逆时针滴水

for(p=0;p<5;p++){
    clockwater();
    nticlockwater();
}//两条单个顺时+逆时针滴水

for(p=0;p<5;p++){
    twowaterdown();
}//两滴下

for(p=0;p<5;p++){
    twowaterup();
}//两滴上喷

for(p=0;p<5;p++){
    twolayerdraw();
}//两层向中间上下拉伸
```

```
for(p=0;p< 4;p++){
    fourdropc();
}//四条单个顺时针滴水闪

for(p=0;p<2;p++){
    breath();
}//呼吸灯

for(p=0;p<2;p++){
    uprightc();                              //两层竖立向圆顺
    antiupright1();                          //两层竖立逆时针合围
}

for(p=0;p<2;p++){
    uprightc1();                             //两层竖立回收
    antiupright();                           //两层竖立逆时针回收
}

for(p=0;p<4;p++){
    twolayerdraw1();
}//两层从顶向下拉伸

for(p=0;p<5;p++){
    twolayerdraws();
}//两层从中间向上下拉伸

for(p=0;p<4;p++){
    dropspin4();
}    //四条单个顺时针滴水转

layerspin();                                 //单层从底向上旋转
layerspind();                                //单层从顶向下旋转

for(p=0;p<3;p++){
    uprightc();
}  //两层竖立向圆顺时针合围

for(p=0;p<3;p++){
    antiupright1();
}//两层竖立向圆逆时针合围

for(p=0;p<2;p++){
    uprightc1();
}//两层竖立向圆顺时针回收
```

```
   for(p=0;p<2;p++){
      antiupright();
   }//两层竖立向圆逆时针回收

   for(p=0;p<4;p++){
      antifourdrop();
   }   //四条单个逆时针滴水闪

   drop4down();                              //四滴下闪
   drop4up();                                //四滴上闪
   }
}


/*****************延时 a********************/
void delaya(uint z)
{
   uint x,y;
   for(x=250;x > 0;x--)
      for(y=z;y > 0;y--);
}
/*****************延时 b********************/
void delayb(uint x)
{
   uint a,b;
   for(a=x;a>0;a--)
      for(b=5;b>0;b--);
}
/*****************两层向上 ******************/
void twolayerup()
{
   for(k=0;k<8;k++){
      writebyteN(Y1,tab[k]);
      writebyteN(Y0,tab[k]);
      delaya(200);
   }
}
/*****************两层向下 ******************/
void twolayerdown()
{
   for(k=0;k<8;k++){
      writebyteN(Y1,tab1[k]);
      writebyteN(Y0,tab1[k]);
      delaya(200);
   }
```

```
  }
/******************两条单个顺时针滴水******************/
void clockwater()
{
  for(i=0;i<8;i++)
  {
     writebyte(X1,tab4[k]);
     writebyte(X0,tab2[k]);
     for(k=0;k<8;k++){
        writebyteN(Y0,tab1[k]);
        delaya(5);
     }writebyteN(Y0,0xff);
     for(k=0;k<8;k++){
     writebyteN(Y1,tab1[k]);
        delaya(5);
     }writebyteN(Y1,0xff);
  }
}
/******************两条单个逆时针滴水******************/
void anticlockwater()
{
  for(i=0;i<8;i++)
  {
     writebyte(X1,tab2[k]);
     writebyte(X0,tab4[k]);
     for(k=0;k<8;k++){
        writebyteN(Y0,tab1[k]);
        delaya(5);
     }writebyteN(Y0,0xff);
     for(k=0;k<8;k++){
     writebyteN(Y1,tab1[k]);
        delaya(5);
     }writebyteN(Y1,0xff);
  }
}
/******************两滴水下******************/
void twowaterdown()
{
  for(i=0;i<8;i++)
  {
     writebyte(X1,tab2[k]);
     writebyte(X0,tab4[k]);
     for(k=0;k<8;k++){
        writebyteN(Y0,tab1[k]);
```

```
      delaya(5);
      }writebyteN(Y0,0xff);
    for(k=0;k<8;k++){
    writebyteN(Y1,tab1[k]);
      delaya(5);
      }writebyteN(Y1,0xff);
  }
}
/******************两滴上喷******************/
void twowaterup()
{
  for(i=0;i<8;i++)
  {
    writebyte(X1,tab4[k]);
    writebyte(X0,tab2[k]);
    for(k=0;k<8;k++){
      writebyteN(Y0,tab1[k]);
      delaya(5);
    }writebyteN(Y0,0xff);
    for(k=0;k<8;k++){
    writebyteN(Y1,tab1[k]);
      delaya(5);
    } writebyteN(Y1,0xff);
  }
}
/******************两层向中间上下拉伸******************/
void twolayerdraw()
{
  writebyte(X1,0xff);
  writebyte(X0,0xff);
  for(k=0;k<8;k++){
    writebyteN(Y1,tab6[k]);
    writebyteN(Y0,tab4[k]);
    delaya(200);
  }
}
/******************两层从顶向下拉伸******************/
void twolayerdraw1()
{
  writebyte(X1,0xff);
  writebyte(X0,0xff);
  for(k=0;k<8;k++){
    writebyteN(Y1,tab6[k]);
    writebyteN(Y0,tab6[k]);
```

```
        delaya(400);
    }
}
/******************两层从中间向上下拉伸******************/
void twolayerdraws()
{
  writebyte(X1,0xff);
  writebyte(X0,0xff);
  for(k=0;k<8;k++){
      writebyteN(Y1,tab6[k]);
      writebyteN(Y0,tab7[k]);
      delaya(200);
  }
}
/******************单层从底向上旋转******************/
void layerspin()
{
  writebyteN(Y1,0xff);
  writebyteN(Y0,0xff);

  for(i=0;i<8;i++)
  {
      writebyte(X1,0x00);
      writebyte(X0,0x00);
      writebyteN(Y1,tab[i]);
      for(k=0;k<8;k++){
         writebyte(X0,tab5[k]);
         delaya(200);
      }
      for(k=0;k<8;k++){
         writebyte(X1,tab3[k]);
         delaya(200);
      }
  }
  writebyteN(Y1,0xff);
  for(i=0;i<8;i++)
  {
      writebyte(X1,0x00);
      writebyte(X0,0x00);
      writebyteN(Y0,tab[i]);
      for(k=0;k<8;k++){
         writebyte(X0,tab5[k]);
         delaya(200);
      }
```

```
      for(k=0;k<8;k++){
         writebyte(X1,tab3[k]);
         delaya(200);
      }
   }
   writebyteN(Y0,0xff);
}
/******************单层从顶向下旋转******************/
void layerspind()
{
   writebyteN(Y1,0xff);
   writebyteN(Y0,0xff);
   for(i=0;i<8;i++)
   {
      writebyte(X1,0x00);
      writebyte(X0,0x00);
      writebyteN(Y1,tab[i]);
      for(k=0;k<8;k++){
         writebyte(X0,tab5[k]);
         delaya(200);
      }
      for(k=0;k<8;k++){
         writebyte(X1,tab3[k]);
         delaya(200);
      }
   }
   writebyteN(Y0,0xff);
   for(i=0;i<8;i++)
   {
      writebyte(X1,0x00);
      writebyte(X0,0x00);
      writebyteN(Y0,tab[i]);
      for(k=0;k<8;k++){
         writebyte(X0,tab5[k]);
         delaya(200);
      }
      for(k=0;k<8;k++){
         writebyte(X1,tab3[k]);
         delaya(200);
      }
   }
   writebyteN(Y1,0xff);
}
/******************两层竖立向圆顺时针合围******************/
```

```
void uprightc()
{
  writebyteN(Y0,0x00);
  writebyteN(Y1,0x00);
  for(k=0;k<8;k++){
    writebyte(X0,tab5[k]);
    writebyte(X1,tab3[k]);
    delaya(700);
  }
}
/*****************两层竖立向圆顺时针回收*****************/
void uprightc1()
{ writebyteN(Y0,0x00);
  writebyteN(Y1,0x00);
  for(k=0;k<8;k++){
    writebyte(X0,tab6[k]);
    writebyte(X1,tab7[k]);
    delaya(700);
  }
}
/*****************两层竖立向圆逆时针回收*****************/
void antiupright()
{
  writebyteN(Y0,0x00);
  writebyteN(Y1,0x00);
  for(k=0;k<8;k++){
    writebyte(X0,tab7[k]);
    writebyte(X1,tab6[k]);
    delaya(700);
  }
}
/*****************两层竖立向圆逆时针合围*****************/
void antiupright1()
{
  writebyteN(Y0,0x00);
  writebyteN(Y1,0x00);
  for(k=0;k<8;k++){
    writebyte(X0,tab9[k]);
    writebyte(X1,tab10[k]);
    delaya(700);
  }
}
/*****************四条单个顺时针滴水闪*****************/
void fourdropc()
```

```
{
  for(i=0;i<2;i++)
  {
    writebyte(X1,tab8[i]);
    writebyte(X0,tab8[i]);
    for(k=0;k<8;k++){
      writebyteN(Y0,tab1[k]);
      delaya(50);
    } writebyteN(Y0,0xff);
    for(k=0;k<8;k++){
    writebyteN(Y1,tab1[k]);
      delaya(50);
    } writebyteN(Y1,0xff);delaya(700);
  }
}
/*******************四条单个逆时针滴水闪*******************/
void antifourdrop()
{
  for(i=0;i<2;i++)
  {
    writebyte(X1,tab11[i]);
    writebyte(X0,tab11[i]);
    for(k=0;k<8;k++){
      writebyteN(Y0,tab1[k]);
      delaya(50);
    }
    writebyteN(Y0,0xff);
    for(k=0;k<8;k++){
    writebyteN(Y1,tab1[k]);
      delaya(50);
    }
    writebyteN(Y1,0xff);
    delaya(700);
  }
}
/*******************四条单个顺时针滴水转*******************/
void dropspin4()
{ writebyteN(Y0,0x00);
  writebyteN(Y1,0x00);
  for(i=0;i<2;i++)
  {
    writebyte(X1,tab8[i]);
    writebyte(X0,tab8[i]);
    delaya(1000);
```

```
  }
}
/******************呼吸灯******************/
void breath()
{
  writebyte(X1,0xff);
  writebyte(X0,0xff);
  for(sw=1;sw<sc1;sw++)
  {
    writebyteN(Y0,0x55);
    writebyteN(Y1,0x55);
    delayb(sw);
    writebyteN(Y0,0xff);
    writebyteN(Y1,0xff);
    delayb(sc1-sw);
  }
  for(sw=1;sw<sc1;sw++)
  {
    writebyteN(Y0,0xaa);
    writebyteN(Y1,0xaa);
    delayb(sw);
    writebyteN(Y0,0xff);
    writebyteN(Y1,0xff);
    delayb(sc1-sw);
  }
}
/******************半层呼吸灯******************/
void halfbreath()
{
  writebyte(X1,0xff);
  writebyte(X0,0xff);
  for(sw=1;sw<sc;sw++)
  {
    writebyteN(Y0,0x00);writebyteN(Y1,0xff);delayb(sw);
    writebyteN(Y0,0xff);writebyteN(Y0,0x00);delayb(sc - sw);
  }
}
/******************四滴下闪******************/
void drop4down()
{
  writebyte(X1,0x55);
  writebyte(X0,0x55);
  for(k=0;k<8;k++){
    writebyteN(Y0,tab1[k]);
```

```
        delaya(500);
    } writebyteN(Y0,0xff);
    for(k=0;k<8;k++){
        writebyteN(Y1,tab1[k]);
        delaya(500);
    } writebyteN(Y1,0xff);
}
/*******************四滴上闪*******************/
void drop4up()
{
    writebyte(X1,0x55);
    writebyte(X0,0x55);
    for(k=0;k<8;k++){
        writebyteN(Y1,tab[k]);
        delaya(500);
    } writebyteN(Y1,0xff);
    for(k=0;k<8;k++){
        writebyteN(Y0,tab[k]);
        delaya(500);
    } writebyteN(Y0,0xff);
}
```

技能训练

一、训练目标

（1）了解 LED 广州塔的结构。
（2）学会设计 LED 广州塔控制电路。
（3）学会控制 LED 广州塔。

二、训练步骤与内容

1. 建立一个新项目
（1）在 E 盘 A2560 文件夹，新建一个文件夹 N02。
（2）启动 Arduino 软件。
（3）选择"文件"→"New"，自动创建一个新项目。
（4）选择"文件"→"另存为"，打开另存为对话框，选择另存的文件夹 N02，打开文件夹 N02，在文件名栏输入"N002"，单击"保存"按钮，保存 N002 项目文件。
2. 编写控制程序文件
在 N002 项目文件编辑区，输入"LED 广州塔控制"程序，单击"文件"→"保存"菜单命令，保存项目文件。
3. 编译、下载、调试
（1）按图 14-17 和图 14-18 连接电路。
（2）通过 USB 将 Arduino Mega2560 板与计算机 USB 端口连接。

（3）单击"项目"→"验证/编译"，或单击工具栏的"验证/编译"按钮，Arduino 软件首先验证程序是否有误，若无误，程序自动开始编译程序。

（4）等待编译完成，在软件调试提示区，观看编译结果。

（5）单击工具栏的下载按钮，将程序下载到 Arduino Mega2560 控制板，观察"LED 广州塔控制"显示的变化。

任务 30　制作 LED 数码管电压表

本项目介绍如何利用 LED 数码管进行电压测量的数据显示。

 基础知识

一、制作 LED 数码管电压表

1. LED 数码管电压表电路

LED 数码管电压表电路如图 14-19 所示。

本项目采用 4 位 LED 数码管，显示被测电压数据。

集成电路 U3 用于位选，选择哪只数码管显示，由于使用的是共阴极数码管，所以当位选信号 WE1～WE4 为某一个低电平时，与其连接的数码管被点亮显示。

集成电路 U2 用于段码输出控制，控制所有数码管的各个字段，1Q～8Q 分别控制数码管的 a～g 和小数点位 dp 的字段。

Arduino MEGA2560 控制板的引脚 2～引脚 9 连接 U2、U3 的 D0～D7 输入端，用于控制移位数据输入。

Arduino MEGA2560 控制板的引脚 10 用与控制位选信号，Arduino MEGA2560 控制板的引脚 11 用于控制段选信号。

2. LED 数码管电压表控制程序

LED 数码管电压表控制程序包括设置模拟电压输入采样端、电压测量、量程转换、测量数据 LED 数码管显示等程序。

LED 数码管电压表控制程序清单如下：

```
//定义段码数组
const unsigned char DuanMa[10]={0x3f,0x06,0x5b,0x4f,0x66,0x6d,0x7d,0x07,
0x7f,0x6f};
//定义位码数组
unsigned char const WeiMa[]={0xfe,0xfd,0xfb,0xf7};
int analogInPin=A0;                          //设置模拟输入采样端
int ledPins[]={2,3,4,5,6,7,8,9};             //对应的8位数据引脚
int WeiSelect=10;                            //位码锁存控制端
int DuanSelect=11;                           //段码锁存控制端
//初始化函数
void setup(){
  pinMode(WeiSelect,OUTPUT);
  pinMode(DuanSelect,OUTPUT);
  //循环设置,把对应的端口都设置成输出
```

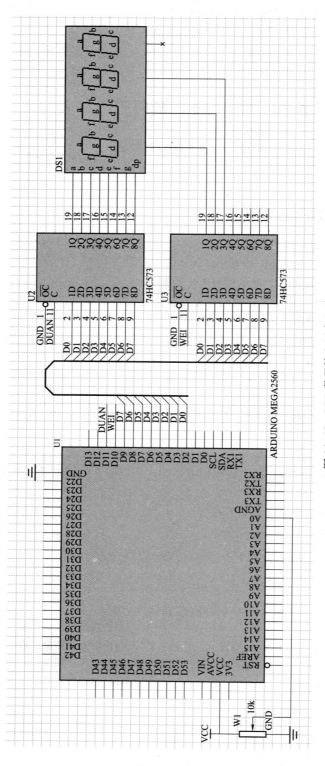

图 14-19 LED 数码管电压表电路

```
    for(int i=0;i<8;i++)  {
        pinMode(ledPins[i],OUTPUT);
    }
}
//数据处理,把需要处理的 byte 数据写到对应的引脚端口。
void show(unsigned char value)  {
    for(int i=0;i<8;i++)
        digitalWrite(ledPins[i],bitRead(value,i));  //使用了 bitWrite 函数,使位控输
出非常简单
}
//主循环
void loop(){
    int sensorVol=analogRead(analogInPin);      //检测模拟输入电压
    int voltage=map(sensorVol,0,1023,0,500);    //量程数据变换
    showVol(voltage);                           //显示电压值
    delay(15);                                  //延时 15ms,使读数稳定
}
//显示电压值
void showVol(int vol)  {
    int bai,vBai,vShi,vGe;                       //定义局部变量
    vBai=vol/100% 10;                            //百位数,电压整数位
    vShi=vol/10% 10;                             //十位数,小数点后第 1 位
    vGe=vol% 10;                                 //个位数,小数点后第 2 位
    for(int i=0;i<3;i++)  {
        switch(i)  {
            //显示百位数据
            case 0:
            { show(0);                           //清空段码,不显示,不然会造成"鬼影"
              digitalWrite(DuanSelect,HIGH);
              digitalWrite(DuanSelect,LOW);
              show(WeiMa[0]);                    //读取对应的位码值
              digitalWrite(WeiSelect,HIGH);
              digitalWrite(WeiSelect,LOW);
              show(DuanMa[vBai] |0x80);          //读取百位对应的段码值
              digitalWrite(DuanSelect,HIGH);
              digitalWrite(DuanSelect,LOW);
              delay(2);                          //调节延时,2 个数字之间的停留间隔
              break;
            }
            //显示十位数据,小数点后第 1 位数据
            case 1:
              { show(0);                         //清空段码,不显示,不然会造成"鬼影"
                digitalWrite(DuanSelect,HIGH);
                digitalWrite(DuanSelect,LOW);
```

```
            show(WeiMa[1]);                    //读取对应的位码值
            digitalWrite(WeiSelect,HIGH);
            digitalWrite(WeiSelect,LOW);
            show(DuanMa[vShi]);                //读取十位对应的段码值
            digitalWrite(DuanSelect,HIGH);
            digitalWrite(DuanSelect,LOW);
            delay(2);                          //调节延时,2个数字之间的停留间隔
            break;
        }
    //显示个位数据,小数点后第 2 位数据
      case 2:
        { show(0);                             //清空段码,不显示,不然会造成"鬼影"
          digitalWrite(DuanSelect,HIGH);
          digitalWrite(DuanSelect,LOW);
          show(WeiMa[2]);                      //读取对应的位码值
          digitalWrite(WeiSelect,HIGH);
          digitalWrite(WeiSelect,LOW);
          show(DuanMa[vGe]);                   //读取百位对应的段码值
          digitalWrite(DuanSelect,HIGH);
          digitalWrite(DuanSelect,LOW);
          delay(1);                            //调节延时,2个数字之间的停留间隔
          break;
        }
    }
  }
}
```

程序通过"sensorVol = analogRead（analogInPin）;"语句检测模拟输入端的电压，然后通过"voltage = map（sensorVol，0，1023，0，500）;"语句进行数据映射，将被测电压模数转换后的数据（0~1023）映射为可显示的模拟电压值数据（0~500），通过电压显示函数 showVol（voltage）;显示被测电压值。

在电压显示函数中，根据实际被测电压为 0~5V 的情况，将数据首先处理为整数和小数部分，然后进行相应的显示，并且在整数后面添加了小数点显示。

 技能训练

一、训练目标

（1）了解数据范围映射函数 map（）。
（2）学会制作 LED 数码管电压表。

二、训练步骤与内容

1. 建立一个新项目
（1）在 E 盘 A2560 文件夹，新建一个文件夹 N03。
（2）启动 Arduino 软件。

（3）选择"文件"→"New"，自动创建一个新项目。

（4）选择"文件"→"另存为"，打开另存为对话框，选择另存的文件夹 N03，打开文件夹 N03，在文件名栏输入"N003"，单击"保存"按钮，保存 N003 项目文件。

2. 编写控制程序文件

在 N003 项目文件编辑区输入"LED 数码管电压表控制"程序，单击执行文件菜单下"保存"菜单命令，保存项目文件。

3. 编译、下载、调试

（1）按图 14-19 连接电路。

（2）通过 USB 将 Arduino Mega2560 板与计算机 USB 端口连接。

（3）单击"项目"→"验证/编译"子菜单命令，或单击工具栏的"验证/编译"按钮，Arduino 软件首先验证程序是否有误，若无误，程序自动开始编译程序。

（4）等待编译完成，在软件调试提示区，观看编译结果。

（5）单击工具栏的下载按钮，将程序下载到 Arduino Mega2560 控制板，观察 LED 数码管显示。

（6）调节模拟取样电位器，观察 LED 数码管显示的内容的变化。

习题 14

1. 用 LED 点阵依次显示跳动的数字 0~9。

2. 用 LED 点阵依次显示四个方向箭头"↑"、"↓"、"←"、"→"。

3. 使用 Arduino Mega2560 控制板和 74HC595 集成电路控制 LED 广州塔，设计控制电路、设计控制程序，将控制程序编译、下载到 Arduino Mega2560 控制板，观察 LED 广州塔的显示。

4. 用 LED 数码管制作电压表，量程为 0~5V。

5. 用 LED 数码管和温湿度传感器 DHT11，制作温湿度测量仪表。